新材料技术与应用丛书

无损检测技术

赵新玉　张佳莹　编著

电子工业出版社
Publishing House of Electronics Industry
北京·BEIJING

内 容 简 介

本书系统地介绍了超声检测、射线检测、涡流检测、磁粉检测、渗透检测 5 种常规的无损检测技术，具体阐述了各种无损检测技术的物理基础、设备原理、检测方法、检测装置、特点、适用范围及无损检测新技术。本书提供配套的电子课件 PPT、习题参考答案等。

本书可作为材料科学与工程、材料成型及控制工程、焊接技术与工程、机械类、无损检测等相关专业本科生和研究生的教材，也可供高职高专相关专业师生选择性使用，还可以作为相关领域的工程技术人员、管理人员的学习、培训及参考用书。

图书在版编目（CIP）数据

无损检测技术 / 赵新玉，张佳莹编著. -- 北京 ：电子工业出版社，2024. 9. -- ISBN 978-7-121-48754-5

Ⅰ．TG115.28

中国国家版本馆 CIP 数据核字第 20247HZ192 号

责任编辑：王晓庆

印　　刷：北京雁林吉兆印刷有限公司

装　　订：北京雁林吉兆印刷有限公司

出版发行：电子工业出版社

　　　　　北京市海淀区万寿路 173 信箱　邮编：100036

开　　本：787×1092　1/16　印张：11.25　字数：288 千字

版　　次：2024 年 9 月第 1 版

印　　次：2024 年 9 月第 1 次印刷

定　　价：48.00 元

凡所购买电子工业出版社图书有缺损问题，请向购买书店调换。若书店售缺，请与本社发行部联系，联系及邮购电话：(010) 88254888，88258888。

质量投诉请发邮件至 zlts@phei.com.cn，盗版侵权举报请发邮件至 dbqq@phei.com.cn。

本书咨询联系方式：(010) 88254113，wangxq@phei.com.cn。

前　言

无损检测技术利用声、光、电、磁、热等物理手段，在不损害或不影响被检测对象使用性能的前提下，检测被检测对象中是否存在缺陷，并给出缺陷的大小、位置、性质和数量等信息。随着现代工业和科学技术的发展，无损检测技术已在越来越多的行业得到广泛的应用，因此对相关技术领域的从业人员提出了应掌握相应专业知识的要求。作为未来材料、机械领域的从业人员，掌握无损检测相关知识和基本技能，是必备的基本素质。

本书是为了实现高等院校相关专业的本科生和研究生的培养目标，为学生的可持续发展奠定良好的基础，使其获得相关知识储备和必备的专业素质，促进相关专业教学和培训的系统化而编写的。

本书注重无损检测理论基础，融合无损检测新技术及新工艺，结构层次清晰、内容全面系统，适应培养无损检测高层次人才的需要。本书有以下特色。

（1）深化 5 种常规无损检测技术（超声检测、射线检测、涡流检测、磁粉检测、渗透检测）的理论基础，始终以理论基础贯穿全书，突出了本科生及研究生教育的理论基础要求。

（2）结构层次清晰，逻辑性强。按无损检测的逻辑过程构造无损检测技术教材，教材的逻辑性及层次性较高，避免了内容编排零散、交叠不清晰、不利于教学的缺点。

（3）内容新颖、系统、完整。凝聚了工作在第一线的任课教师多年的教学经验与教学成果及科研成果。

本书共 7 章，系统地介绍了超声检测、射线检测、涡流检测、磁粉检测、渗透检测 5 种常规的无损检测技术，主要内容包括：第 1 章介绍超声检测的基本原理及系统组成，以及超声波传播的基本原理和定量分析方法；第 2 章介绍超声与材料内部缺陷相互作用的物理原理和计算方法，超声测量模型用于定量预测标准缺陷体回波信号及其应用；第 3 章介绍射线检测技术的原理、特点、适用性和局限性；第 4 章介绍射线照相检测的基本原理和检测方法，射线检测设备与器材及工业 CT 基本原理和成像方法；第 5 章介绍涡流检测的基本原理、检测方法、频率选择和信号分析；第 6 章介绍磁粉检测的原理、特点、适用性和局限性；第 7 章介绍渗透检测的原理、特点、适用性和局限性。通过学习本书，读者可以获得无损检测的基本理论和检测方法、系统组成等相关知识。

本书内容简明扼要、通俗易懂，具有很强的专业性、技术性和实用性。教学中，教师可以根据教学对象和学时等具体情况对书中的内容进行删减和组合，也可以进行适当扩展，参考学时为 32～64 学时。本书提供配套的电子课件 PPT、习题参考答案等，请登录华信教育资源网（www.hxedu.com.cn）注册后免费下载。

本书由大连交通大学的赵新玉、张佳莹编著。赵新玉负责编写第 2 章、第 3 章、第 5 章及第 6 章的内容，张佳莹负责编写第 1 章、第 4 章及第 7 章的内容。赵新玉和张佳莹负责全书的审校与统稿工作。

与本书内容相关的研究工作得到了 2021 年辽宁省教育厅基本科研项目（面上项目）"基

于编码激励的焊缝超声检测与缺陷识别的研究"（项目编号：LJKZ0492）和国家自然科学基金项目"超声信号的复合编码激励及与焊接缺陷相互作用机制研究"（项目编号：51905070）的支持，在此表示感谢。

本书的编写参考了大量近年来出版的相关技术资料，吸取了许多专家和同仁的宝贵经验，在此向他们深表谢意。

由于作者学识有限，书中误漏之处难免，望广大读者批评指正。

作　者
2024 年 8 月

目　　录

第1章　超声检测基础

1.1　超声检测的物理基础

1.1.1　超声波概述

超声检测是工业无损检测中应用较广泛、研究较活跃的方法，利用在介质中传播时超声波的反射、衰减和散射等特性，可对各种尺寸的金属和非金属材料及构件、电站设备、船体、飞机、火箭、锅炉、压力容器、发动机叶片、铁路机车车辆关键零部件、机车车辆轮轴等进行检测。

超声波是超声振动在介质中的传播，也是在弹性介质中传播的机械波，与声波和次声波在弹性介质中的传播类同，区别在于超声波的频率大于 20kHz。超声波用于无损检测，主要具有以下特性：

① 超声波的方向性好，具有像光波一样良好的方向性，经过设计可以定向发射，利用超声波可在被检测对象中进行有效的探测；

② 超声波的穿透能力强，对于大多数介质而言，超声波具有较强的穿透能力；

③ 超声波的能量高，超声检测的工作频率远高于声波的频率，超声波的能量远大于声波的能量，材料的声速、声衰减、声阻抗等特性蕴含丰富的信息，成为应用超声波的基础；

④ 遇到界面时，超声波将产生反射、折射和波型的转换，利用超声波在介质中传播时的物理现象，可使超声检测具有较高的灵活性和精确度；

⑤ 超声波对人体和环境无害。

1.1.2　振动和波动

1.1.2.1　振动

一般来说，物质或质点在某一平衡位置附近做往复运动，叫作机械振动，简称振动。振动产生的必要条件是：物体离开平衡位置会受到回复力的作用，阻力要足够小。物体受到一定力的作用，将离开平衡位置，产生一个位移。在该力消失后，在回复力的作用下，物体将向平衡位置运动，并且越过平衡位置移动到相反方向的最大位移位置，再向平衡位置运动。这样一个完整的运动过程称为一个循环或一次全振动。每经过一定时间，振动体总是回复到原来位置的振动称为周期性运动，不具备上述周期性规律的振动称为非周期性振动。

振动是往复运动，可用振幅表示振动的强弱，用周期和频率表示振动的快慢，故描述振动的物理量有：

① 振幅，即振动体离开平衡位置的最大距离，通常用 A 表示；

② 周期，即振动体在其平衡位置附近来回振动一次，超声波的振动状态向前传播了一个波长，传播一个波长所用的时间通常用 T 表示，单位为秒（s）；

③ 频率，即单位时间内传播完整波长的个数，通常用 f 表示，单位为赫兹（Hz），频率和周期的关系为 $f = \dfrac{1}{T}$。

最简单、最基本的直线振动称为简谐振动，任何复杂的振动都可视为多个简谐振动的合成。当质点做匀速圆周运动时，其水平投影就是水平方向的简谐振动。质点的水平位移 y 和时间 t 的关系可用简谐振动方程来描述：$y = A\cos(\omega t + \varphi)$，其中，$A$ 为振幅，即最大水平位移；ω 为角频率，即 1s 内变化的弧度数，与频率的关系为 $\omega = 2\pi f$；φ 为初相位，即 $t = 0s$ 时振动体的相位；$\omega t + \varphi$ 为振动体在 t 时的相位。

简谐振动方程描述了简谐振动体在任意时刻的位移情况。简谐振动就是振动体或质点在受到与位移大小成正比，而方向总指向平衡位置的回复力作用下的振动。回复力 F 的大小与平衡位置的位移成正比，关系式为 $F = -Kx$，其中，K 为系数，负号表示回复力与位移方向相反。简谐振动的振幅不变，为自由振动，其频率为固有频率。当振动体做简谐振动时，只有弹性力或重力做功，其他力不做功，符合机械能量守恒的条件与机械能量守恒定律。在平衡位置时动能最大，势能为零；在位移最大位置时势能最大，动能为零，其总能量保持不变。

1.1.2.2　波动

振动在物体或空间中的传播过程叫作波动，简称波，波动是物质的一种运动形式。波分为两类：一类是机械波，另一类是电磁波。超声波是一种频率大于 20kHz 的机械波。机械波是机械振动在弹性介质中的传播过程，如水波、声波、超声波等。电磁波是交变电磁场在空间中的传播过程，如无线电波、红外线、可见光、紫外线、X 射线、γ 射线等。

弹性介质中一个质点的振动会引起邻近质点的振动，邻近质点的振动又会引起较远质点的振动，于是振动就以一定的速度由近及远地传播开来，从而形成机械波。产生机械波必须具备以下两个条件：一是要有做机械振动的波源，二是要有能传播机械振动的弹性介质。因此，产生超声波必须具备的两个条件为：①频率大于 20kHz 的高频振动源；②传播振动状态的弹性介质。

机械振动与机械波是互相关联的。振动是产生机械波的根源，机械波是振动状态的传播。波动中的各质点并不随着波前进，而按照与波源相同的振动频率在各自的平衡位置上振动，并将能量传播给周围的质点。因此，机械波的传播不是物质的传播，而是振动状态和能量的传播。描述机械波的物理量有：

① 波长，即相位相同的相邻质点之间的距离，通常用 λ 表示，单位为米（m）；

② 周期，质点在其平衡位置附近来回振动一次，超声波的振动状态向前传播了一个波长，传播一个波长所用的时间称为一个周期，通常用 T 表示，单位为秒（s）；

③ 频率，即单位时间内传播完整波长的个数，通常用 f 表示，单位为赫兹（Hz），$f = \dfrac{1}{T}$；

④ 波速，即单位时间内波传播的距离，通常用 c 表示，单位为米/秒（m/s），$c = \dfrac{\lambda}{T} = \lambda f$。

应该注意的是，波速与质点的振动速度具有本质不同的概念，质点振动方向与波动传播方向不一定相同。

1.1.3 超声波的分类

1.1.3.1 描述超声波的物理量

描述超声波的基本物理量有声速、频率、波长、角频率及周期，其定义如下。

① 声速：单位时间内，超声波在介质中传播的距离，通常用 c 表示。

② 频率：单位时间内，超声波在介质中任一给定点所通过完整波的个数，通常用 f 表示。

③ 波长：超声波在传播时，同一波线上相邻两个相位相同的质点之间的距离，通常用 λ 表示。

④ 角频率：超声波的角频率定义为 $\omega = 2\pi f$。

⑤ 周期：超声波向前传播一个波长所需的时间，通常用 T 表示。

上述各物理量之间的关系式为

$$T = \frac{1}{f} = \frac{2\pi}{\omega} = \frac{\lambda}{c}$$

1.1.3.2 超声波的不同分类

超声波的分类方法有很多：根据介质中质点振动方向与超声波传播方向之间的关系，分为纵波、横波、表面波、板波；根据波的形状，分为平面波、柱面波、球面波；根据振动持续的时间，分为连续波、脉冲波。介质中质点振动方向与超声波传播方向之间的关系是研究超声波在介质中传播规律的重要理论依据，故本书将重点介绍。

（1）纵波

当弹性介质受到交替变化的拉伸应力、压缩应力时，受力质点间距就会相应地产生交替的疏密变形，此时介质中质点振动方向与超声波传播方向相同，这种波型的超声波称为纵波，如图 1.1 所示。固体介质可以承受拉伸应力与压缩应力的作用，可以传播纵波；液体和气体介质虽然不能承受拉伸应力，但在压缩应力的作用下会产生容积的变化，因此也可以传播纵波。

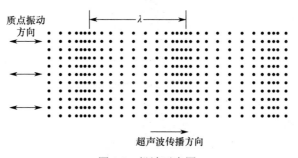

图 1.1 纵波示意图

（2）横波

当固体弹性介质受到交变的切应力作用时，介质中的质点会产生相应的横向振动，质点发生剪切变形，此时介质中质点的振动方向垂直于波的传播方向，这种超声波称为横波，也称剪切波，如图 1.2 所示。固体介质能够承受切应力，而液体和气体介质不能承受切应力，因此横波只能在固体介质中传播，不能在液体和气体介质中传播。

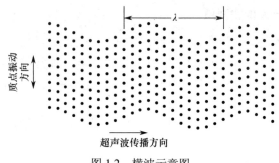

图 1.2　横波示意图

（3）表面波

当固体介质表面受到交替变化的表面张力作用时，质点做相应的纵横向复合振动，此时质点的振动引起的波称为表面波，表面波是一种沿介质表面传播的超声波，如图 1.3 所示。表面波是物理学家瑞利首先提出的，故又称瑞利波。

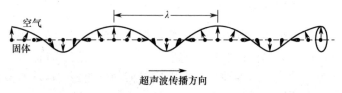

图 1.3　表面波示意图

表面波的能量随着在介质中传播深度的增大而迅速降低，有效透入深度大约为一个波长。表面波同横波一样只能在固体介质中传播，不能在液体和气体介质中传播。利用表面波可检测试件表面和近表面的缺陷，以及测定表面裂纹深度等。

（4）板波（兰姆波）

板波是当板状弹性介质受到交替变化的表面张力作用且当入射角、频率、板厚为特定值时产生的。板波是在板厚和波长相当的弹性薄板中传播的超声波，也称兰姆波，如图 1.4 所示。板波传播时薄板的两面和板中部的质点都在振动，声场遍及整个板厚。薄板两面质点的振动为纵波和横波的合成，质点振动的轨迹是一个椭圆。根据传播方式的不同，板波可分为对称型（S 型）板波和非对称型（A 型）板波。

对称型（S 型）板波：薄板两面都有纵波和横波合成的波传播，薄板两面质点的振动相位相反，而薄板中部的质点以纵波的形式进行振动和传播，如图 1.4（a）所示。

非对称型（A 型）板波：薄板两面的质点的振动相位相同，薄板中部的质点以横波的形式进行振动和传播，如图 1.4（b）所示。

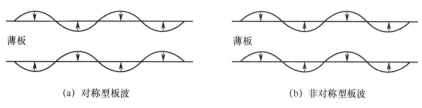

图 1.4　板波示意图

如果传播介质是细的棒材、管材或薄板，且壁厚与波长相近，则纵波和横波都受边界条件的影响，不能按原来的波型进行传播，而按特定的形式传播。超声纵波在特定的频率下被封闭在介质侧面中的现象称为波导，此时传播的超声波称为导波。

1.1.4　超声场及其特征参数

1.1.4.1　超声场

充满超声波的空间或在介质中超声振动波及的质点所占据的范围称为超声场。

一般来说，由于传播条件和传播介质的情况不同，超声场有不同的形状和范围。确定超声场的几何形状和大小，通常要考虑的因素有很多，其中最主要的因素是声源的直径及声波的传播频率（或波长）。在实际检测时，准确地确定超声场的几何形状和大小，对确定缺陷的性质、大小和位置有着重要的意义。

超声换能器发出的束状超声场通常称为超声波束。主声束的截面大，能量集中，并具有很好的指向性，指向性的好坏由指向角 θ 表征。

（1）主声束轴线上的声压分布

在探头附近，主声束轴线上的声压出现若干极大值和极小值，这段声程称为超声波主声束的近场。其中距探头最远的声压极大值点至探头表面的距离称为近场长度，用 N 表示。近场以外为超声波束的远场。

（2）近场长度

就直探头发射的纵波声场而言，近场长度可近似地表示为 $N = \dfrac{D^2}{4\lambda}$，其中，$N$ 为近场长度，D 为直探头压电晶片的直径，λ 为超声波的波长。压电晶片的直径越大，频率越高，直探头的近场长度越大。这一结论也定性地适用于斜探头发射的横波声场。

在近场区检测是不利的，处于声压极小值处的较大缺陷回波可能较低，而处于声压极大值处的较小缺陷回波可能较高，这样就容易引起误判，甚至漏检，因此应尽可能避免在近场区检测。

（3）指向性

超声场的指向性是指超声波向某一方向集中发射的特性。指向性的好坏由指向角（也称半扩散角）$\theta = \arcsin(1.22\lambda / D)$ 表征。指向角越小，超声波束的指向性越好，声能量越集中。压电晶片的直径越大，频率越高，超声波束的指向性越好。

1.1.4.2　描述超声场的物理量

超声场常用声压、声强、声阻抗、质点振动位移和质点振动速度等物理量进行描述，下面介绍前三个物理量。

（1）声压

超声场中某点在某一瞬间所具有的压强，与没有超声场存在时同一点的静态压强之差，定义为该点的声压，通常用 p 表示，单位为帕（Pa）。声压是时间、空间的函数。超声场中任一点的声压都随时间交替变化，可正可负。对于平面波，其瞬时声压可表示为 $p = \rho c v$，其中，ρ 为介质密度，c 为波速，$v = -A\omega \sin \omega\left(t - \dfrac{x}{c}\right)$ 为质点振动速度，A 为质点振动振幅，ω 为角频率，x 为质点至声源的距离。

由 $p = \rho c v$ 可知，介质中某点的声压与介质密度 ρ、波速 c 和质点振动速度 v 成正比。由于固体介质密度大、波速高和质点振动速度高，因此置于同一超声场中的介质，当与声源距离相同时，固体介质中的声压最高，液体介质中的声压次之，气体介质中的声压最低。就不同固体介质而言，由于材料性质、密度、波速存在差异，因此声压也有所区别。

声压 p 的极大值为 p_m，$|p_m| = |\rho c A\omega|$。可见声压的绝对值与波速、角频率成正比，因为超声波的频率高，所以超声波的声压比声波的声压大。

（2）声强

在超声波传播的方向，单位时间内单位截面上的声能称为声强，通常用 I 表示，单位为 W/cm^2。

现以纵波在均匀的各向同性的固体介质中的传播为例，$I = \dfrac{1}{2}\rho c A^2 \omega^2 = \dfrac{p_m^2}{2\rho c} = \dfrac{1}{2}\rho c v_m^2$，其中，$v_m$ 为振动速度振幅，$v_m = A\omega$。因此，质点振动速度、声压和声强三者之间具有以下关系：①声强与质点振动位移振幅的平方成正比；②声强与质点振动位移角频率的平方成正比；③声强与质点振动速度振幅的平方成正比；④声强与声压振幅的平方成正比。因为超声波的频率很高，所以超声波的声强远大于一般声波的声强，这是超声波能够用于检测探伤的前提之一。

声强级即声强的等级，用来考察声强的大小。一般来说，将 $I_0 = 10^{-12}$ W/cm^2 称为基准声强。某一声强 I 与基准声强 I_0 的数值相差很大，不便于比较。为方便计算和比较，常用对数表示声强级，即 $L = \lg \dfrac{I}{I_0}$，声强级 L 的单位为贝尔（Bel）。

因为单位贝尔比较大，在工程上应用时将其缩小为原来的 1/10 后以分贝为单位，用 dB 表示，故有 $L_1 = 10\lg \dfrac{I}{I_0}$。因为声强与声压的平方成正比，故声压级 L_p 可以表示为 $L_p = 20\lg \dfrac{p}{p_0}$。

对于线性放大良好的超声波探伤仪，其示波屏上的波高与声压成正比，即示波屏上同一点的任意两个波高之比 $\left(\dfrac{H}{H_0}\right)$ 等于相应的声压之比 $\left(\dfrac{p}{p_0}\right)$，两者的分贝差为 $\Delta=20\lg\dfrac{p_1}{p_2}=20\lg\dfrac{H_1}{H_2}$。

若对任意两个波高之比 $\left(\dfrac{H}{H_0}\right)$ 或声压之比 $\left(\dfrac{p}{p_0}\right)$ 取自然对数，则单位为奈培（Np），即 $\Delta=\ln\dfrac{p_1}{p_2}=\ln\dfrac{H_1}{H_2}(\text{Np})$。上述各单位的换算关系如下：$1\text{Np}\approx8.686\text{dB}$，$1\text{dB}\approx0.115\text{Np}$。

（3）声阻抗

超声波在介质中传播时，介质密度 ρ 和波速 c 的乘积称为声阻抗，通常用 Z 表示。由 $p=\rho cv$ 可知，在同一声压下，$Z=\rho c$ 越大，质点振动速度 v 越小，所以可将 $Z=\rho c$ 称为介质的声阻抗，单位为 Pa·s/m 或 kg/(m²·s)。

当超声波由一种介质传入另一种介质，或在介质的界面上反射时，其各种行为（如反射、折射等）主要取决于这两种介质的声阻抗。不同的介质有不同的声阻抗；对于同一种介质，波型不同，其声阻抗也不同。

1.1.4.3　声衰减系数

超声波的衰减是指超声波在介质中传播时，随着传播距离的增大而能量逐渐减小的现象。在传声介质中，单位距离内某一频率下声波能量的衰减值叫作该频率下该介质的衰减系数，单位为 dB/m。

超声波的衰减主要有吸收衰减、散射衰减、扩散衰减三种。

（1）吸收衰减

超声波在介质中传播时，由于介质的黏滞性会造成质点之间的内摩擦，一部分声能转换为热能；同时，由于介质的热传导，介质的稠密和稀疏部分进行热交换，从而导致声能的损耗，这就是介质的吸收现象，称为超声波的吸收衰减。

在固体介质中，吸收衰减相对于散射衰减几乎可以忽略不计，但对于液体介质，吸收衰减是主要的。

（2）散射衰减

超声波在介质中传播时可能遇到障碍物，当障碍物的尺寸与超声波的波长相当或更小时，便会产生散射衰减。因为障碍物和材料本身构成了含有声阻抗急剧变化的界面，在界面上将产生超声波的反射、折射和波型转换等现象，导致声能降低。

产生散射衰减的因素有很多，但基本可分为两种情况。一是材料本身的不均匀，如具有不同密度和声速的两种材料的交界面、金属中的杂质和气孔、晶体材料的各向异性等造成散射衰减。二是晶粒尺寸与超声波波长相当的多晶材料造成散射衰减。对于多晶材料，由于各个晶粒的尺寸不同，每个晶粒又分别由一个或几个相组成，再加上晶界的存在，因此超声波产生杂乱的散射，从而使声能转换为热能，导致声波能量降低。特别是在粗晶材料中，如奥氏体不锈钢、铸铁、β 黄铜，对超声波的散射尤其严重。

（3）扩散衰减

超声波的扩散衰减是因为超声波在介质中传播时，波的前方逐渐扩展，声波能量逐渐减小。扩散衰减主要取决于波阵面的几何形状，与传播介质无关。

对于平面波，由于其波阵面为平面，波束不扩散，因此不存在扩散衰减；但对于球面波和柱面波，由于声场中某点的声压与其至声源的距离关系密切，因此存在扩散衰减。

1.1.5 超声波在介质中的传播特性

1.1.5.1 超声波垂直入射到单一界面的反射和透射

当超声波垂直入射到一个足够大的光滑平界面时，会在第一介质中产生一个与入射波方向相反的反射波，在第二介质中产生一个与入射波方向相同的透射波，如图 1.5 所示。反射波和透射波的声压（或声强）按一定比例分配，这个比例由声压反射系数 r 和声压透射系数 τ 来表示，或者由声强反射系数 R 和声强透射系数 T 来表示。

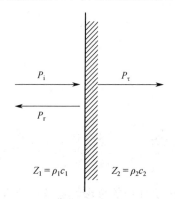

图 1.5　超声波垂直入射到单一界面的示意图

声压反射系数 r：界面上反射波声压 P_r 与入射波声压 P_i 之比，$r = \dfrac{P_r}{P_i} = \dfrac{Z_2 - Z_1}{Z_2 + Z_1}$，其中，$Z_1$ 为介质 1 的声阻抗，Z_2 为介质 2 的声阻抗。

声压透射系数 τ：界面上透射波声压 P_τ 与入射波声压 P_i 之比，$\tau = \dfrac{P_\tau}{P_i} = \dfrac{2Z_2}{Z_2 + Z_1} = 1 + r$。

声强反射系数 R：界面上反射波声强 I_r 与入射波声强 I_i 之比，$R = \dfrac{I_r}{I_i} = \dfrac{P_r^2 / Z_1}{P_i^2 / Z_1} = \left(\dfrac{Z_2 - Z_1}{Z_2 + Z_1} \right)^2$。

声强透射系数 T：界面上透射波声强 I_τ 与入射波声强 I_i 之比，$T = \dfrac{I_\tau}{I_i} = \dfrac{P_\tau^2 / Z_2}{P_i^2 / Z_1} = \dfrac{4 Z_2 Z_1}{(Z_2 + Z_1)^2}$。

声压反射系数 r、声压透射系数 τ、声强反射系数 R 及声强透射系数 T 之间的关系为：$R = r^2$，$R + T = 1$，$\tau = 1 + r$。

当超声波垂直入射到平界面时，声压和声强的分配比例仅与界面两侧介质的声阻抗有关。在垂直入射时，界面两侧的超声波必须满足两个边界条件：①一侧总声压等于另一侧总声压，否则界面两侧受力不等，将会发生界面运动；②两侧质点振动速度振幅相等，以保持波的连续性。上述超声波纵波垂直入射到单一平界面上的声压、声强与其反射系数、透射系数的计算公式，同样适用于横波入射的情况。但在固/液界面、固/气界面上，横波将发生全反射，因为横波不能在液体和气体中传播。

在实际检测过程中，超声波垂直入射到两种不同声阻抗介质的平界面时，可以有 $Z_2 > Z_1$、$Z_2 < Z_1$、$Z_2 \ll Z_1$、$Z_2 \approx Z_1$ 这 4 种常见的反射和透射情况。

① $Z_2 > Z_1$，常见于水浸检测时的水/钢界面。此时，Z_1(水) $= 1.5 \times 10^6 \text{kg/(m}^2\cdot\text{s})$，$Z_2$(钢) $= 46 \times 10^6 \text{kg/(m}^2\cdot\text{s})$，则有：水/钢界面的声压反射系数 $r \approx 0.937$，声压透射系数 $\tau \approx 1.937$，声强反射系数 $R \approx 0.88$，声强透射系数 $T \approx 0.12$。$r > 0$，P_r 与 P_i 同相，在界面上合成声压 $P_r + P_i$ 增大。当 $Z_2 \to \infty$ 时，$r \approx 1$，$\tau \approx 2$，$P_\tau \approx 2P_i$，透射声压振幅达到最大值；而 $R \approx 1$，$T \approx 0$，声能全反射。

② $Z_2 < Z_1$，常见于钢/水界面。此时，Z_1(钢) $= 46 \times 10^6 \text{kg/(m}^2\cdot\text{s})$，$Z_2$(水) $= 1.5 \times 10^6 \text{kg/(m}^2\cdot\text{s})$，则有：钢/水界面的声压反射系数 $r \approx -0.937$，声压透射系数 $\tau \approx 0.063$，声强反射系数 $R \approx 0.88$，声强透射系数 $T \approx 0.12$。$r < 0$，P_r 与 P_i 反相，在界面上合成声压 $P_r + P_i$ 减小。

③ $Z_2 \ll Z_1$，常见于超声检测中的钢/空气界面及换能器晶片/空气界面。此时，钢/空气界面及换能器晶片/空气界面的声压反射系数 $r \approx -1$，声压透射系数 $\tau \approx 0$，$P_\tau \approx 0$；而声强反射系数 $R \approx 1$，声强透射系数 $T \approx 0$，声能全反射。因此，超声波在钢/空气界面上的声压反射系数约为 1，超声波无透射；超声换能器若与试件硬性接触而无液体耦合剂，则当试件表面粗糙时，相当于换能器直接置于空气中，超声波在换能器晶片/空气界面上将产生 100% 的反射，而无法透射入试件。

④ $Z_2 \approx Z_1$，常见于声阻抗接近的介质界面。例如，超声波由钢的母材金属入射至焊缝金属中，此时母材和焊缝的声阻抗通常仅差 1%，界面上的声压反射系数 $r \approx 0.5\%$，声压透射系数 $\tau = 1 + 0.5\% \approx 1$。故超声波在声阻抗接近的介质界面上的反射声压极小，超声波几乎全透射。

由上述内容可知，在进行超声检测时，应保证超声换能器和试件之间完全耦合，否则气隙的存在会影响超声能量的进入。当超声波从钢试件传播到钢与空气的界面时，由于几乎 100% 被反射，因此当钢试件中有气隙存在时很容易被发现。而钢试件中的非金属夹杂物因其声阻抗与基体相近，反射波较弱，故不易被发现。

1.1.5.2　超声波垂直入射到多层介质界面的反射和透射

在实际超声检测中时常会遇到声波穿过多层介质的情况。例如，钢材中与检测面平行的异质薄层、换能器晶片保护膜、耦合剂等都是具有多层平面的界面，具体情况分析如下。

① 当超声波穿过介质 A（声阻抗为 Z_1）至异质层 B（声阻抗为 Z_2），然后继续传播到介质 C（声阻抗为 Z_3）时，若 $Z_1 = Z_3$，则当异质层 B 的厚度为该层中传播声波的半波长的

整数倍时，在异质层界面上的声压反射系数为零，超声波全透射，就好像这个异质层不存在，所以称其为透声层。对钢板进行超声检测时，若钢板中有一分层为透声层，则此分层将漏检。为避免漏检，需改变超声波的检测频率，改变后的检测频率不能为原频率的整数倍。

当采用直换能器检测时，若直换能器使用钢质保护膜，则保护膜与钢之间的耦合剂层是一层异质层，如果要使直换能器发射的超声波达到最好的透声效果，须使耦合剂层的厚度为传播声波的半波长的整数倍，这种透声层也称半波透声层。

② 当超声波穿过介质 A（声阻抗为 Z_1）至异质层 B（声阻抗为 Z_2），然后继续传播到介质 C（声阻抗为 Z_3）时，若 $Z_1 \neq Z_3$，则当异质层 B 的厚度为该层中传播声波的 1/4 波长的奇数倍时，在异质层界面上的声压反射系数为零，超声波全透射。

当采用直换能器检测时，若直换能器使用非钢质保护膜，则保护膜与钢之间的耦合剂层的厚度应为传播声波的 1/4 波长的奇数倍，这样才能达到最好的透声效果。

③ 若将直换能器保护膜看作晶片和耦合剂层之间的异质层，则因为晶片声阻抗与耦合剂声阻抗不同，即 $Z_1 \neq Z_3$，所以要使保护膜有更好的透声效果，其厚度也应是传播声波的 1/4 波长的奇数倍。直换能器保护膜除了要有合适的厚度，还要有一个适当的声阻抗。

在实际检测中，在直换能器上施加一定的压力，直换能器与试件接触越紧密，透声效果越好，得到的反射回波也越高。这是因为当耦合剂层厚度接近零时，声强的透射性最好。

试件材料的声阻抗与异质层材料的声阻抗相差越大，声压反射越强，越容易被检出。同样厚度的缺陷位于钢中比位于铝中更容易被检出，因为钢的声阻抗比铝的声阻抗大。若要提高超声波在铝中的检测能力，以获得原频率在钢中的反射系数，则必须将检测频率提高至接近原来的 4 倍。

1.1.5.3　超声波倾斜入射到平界面的反射和折射

（1）固/固界面

在两种不同固体介质之间的界面上，超声波传播的几何性质符合斯涅尔定律。当声波以一定的倾斜角到达固体介质的表面时，界面作用将改变其传播模式，例如横波、纵波的转换，因此其传播速度也有变化。如图 1.6 所示，超声纵波以 α 角度从第一介质（Ⅰ介质）入射到第二介质（Ⅱ介质），α 为入射角，α'_L 为第一介质的纵波反射角，α'_S 为第一介质的横波反射角，γ_L 为第二介质的纵波折射角，γ_S 为第二介质的横波折射角，第一介质纵波声速为 c_{L1}、横波声速为 c_{S1}，第二介质纵波声速为 c_{L2}、横波声速为 c_{S2}，根据斯涅尔定律有 $\dfrac{\sin \alpha}{c_{L1}} = \dfrac{\sin \alpha'_L}{c_{L1}} = \dfrac{\sin \alpha'_S}{c_{S1}} = \dfrac{\sin \gamma_L}{c_{L2}} = \dfrac{\sin \gamma_S}{c_{S2}}$。由于同一介质中 $c_{L1} > c_{S1}$，因此 $\alpha'_L > \alpha'_S$，$\gamma_L > \gamma_S$。

① 第一临界角 α_I

当 $\gamma_L \geqslant 90°$ 时，第二介质中只有横波，这种现象称为纵波全反射。$\gamma_L = 90°$ 时，入射角为第一临界角：$\alpha_I = \alpha = \arcsin \dfrac{c_{L1}}{c_{L2}}$。所以，当 $\alpha = \alpha_I$ 时，第二介质中只存在折射横波。

② 第二临界角 α_{II}

当 $\gamma_S \geqslant 90°$ 时，第二介质中既无折射纵波，也无折射横波，而是在介质表面产生表面波。当 $\gamma_S = 90°$ 时，入射角为第二临界角：$\alpha_{II} = \alpha = \arcsin\dfrac{c_{L1}}{c_{S2}}$。所以，当 $\alpha = \alpha_{II}$ 时，第二介质中既无折射纵波，也无折射横波。第二介质中仅有横波产生的条件为入射角 α 满足 $\alpha_I < \alpha < \alpha_{II}$。

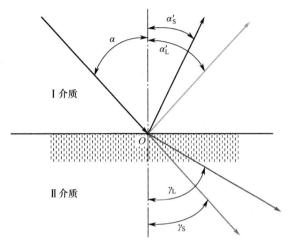

图 1.6　超声波倾斜入射到固/固界面的示意图

（2）固/气界面

由于空气的声阻抗 $Z_2 \approx 0$，此时入射超声纵波在界面上全反射，反射波含有纵波和横波，如图 1.7 所示。根据斯涅尔定律有如下关系：$\dfrac{\sin\alpha}{c_{L1}} = \dfrac{\sin\alpha_L'}{c_{L1}} = \dfrac{\sin\alpha_S'}{c_{S1}}$，故有 $\alpha = \alpha_L'$。又因同一介质中的纵波声速大于横波声速，即 $c_{L1} > c_{S1}$，故 $\alpha_L' > \alpha_S'$。

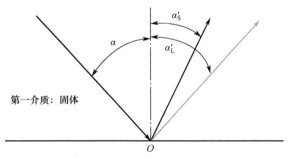

图 1.7　超声波倾斜入射到固/气界面的示意图

当超声横波倾斜入射到界面时，在第一介质中产生反射纵波和反射横波，根据斯涅尔定律有如下关系：$\dfrac{\sin\alpha}{c_{S1}} = \dfrac{\sin\alpha_L'}{c_{L1}} = \dfrac{\sin\alpha_S'}{c_{S1}}$，故有 $\alpha = \alpha_S'$。因 $c_{L1} > c_{S1}$，故 $\alpha_L' > \alpha_S'$。当 $\alpha_L' = 90°$ 时，第一介质中只有反射横波。$\alpha_L' = 90°$ 时，入射角为第三临界角：$\alpha_{III} = \alpha = \arcsin\dfrac{c_{S1}}{c_{L1}}$。需注意，只有第一介质为固体且超声横波入射时，才可能出现第三临界角。

（3）液/固界面

在水浸检测中，会出现超声纵波倾斜入射到液/固界面的情况。由于液体中只能传播纵波，因此当从液体中入射纵波到液/固界面时，在液体中只存在反射纵波，在固体中则同时存在折射纵波和折射横波。各种波型均满足反射定律、折射定律。

1.1.5.4　超声波在曲界面上的透射

超声平面波入射到曲界面时，透射波会聚焦或发散，聚焦或发散不仅与曲界面的曲率有关，也与两种介质（介质 1 和介质 2）的声速 c_1 和 c_2 有关，如图 1.8 所示。

根据斯涅尔定律，可得：

① 超声平面波入射到 $c_1 < c_2$ 的凹曲面时，第一介质（介质 1）超声波入射角小于第二介质（介质 2）超声波折射角，即 $\alpha < \beta$，透射波将聚焦 [图 1.8（a）]；

② 超声平面波入射到 $c_1 > c_2$ 的凸曲面时，第一介质超声波入射角大于第二介质超声波折射角，即 $\alpha > \beta$，透射波将聚焦 [图 1.8（b）]；

③ 超声平面波入射到 $c_1 < c_2$ 的凸曲面时，第一介质超声波入射角小于第二介质超声波折射角，即 $\alpha < \beta$，透射波将发散 [图 1.8（c）]；

④ 超声平面波入射到 $c_1 > c_2$ 的凹曲面时，第一介质超声波入射角大于第二介质超声波折射角，即 $\alpha > \beta$，透射波将发散 [图 1.8（d）]。

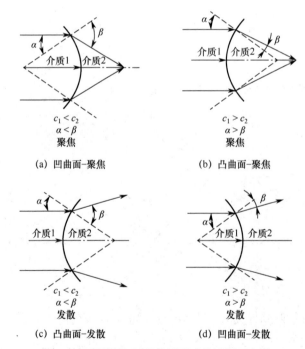

图 1.8　平面波入射到曲界面时的透射示意图

水浸聚焦换能器是根据超声平面波入射到 $c_1 > c_2$ 的凸曲面上时透射波将聚焦的原理设计制作的，如图 1.9 所示，声透镜的曲率半径为 r，超声波在声透镜中的声速为 c_1、水中的声速为 c_2、试件中的声速为 c_3。当水中没有试件时，其在水中的焦距为 f；当水中有试

件时，其焦距为 f'（聚焦到试件表面下 $L = PE$ 的深处），其 f 和 f' 的计算公式分别为

$$f = \frac{c_1}{c_1 - c_2} r, \quad f' = f - L\frac{c_3}{c_2}。$$

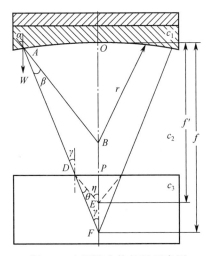

图 1.9　水浸聚焦换能器示意图

1.2　超声检测原理与系统组成

1.2.1　超声检测方法

超声检测方法有很多，各种方法的检测工艺有很大不同，分类方法也有多种。

（1）按原理分类

超声检测方法按原理分类，可分为脉冲反射法、穿透法、渡越时间衍射（TOFD）法、超声相控阵检测法等。

1）脉冲反射法

超声换能器发射脉冲波到被检测试件中，根据反射波的情况来检测试件缺陷的方法称为脉冲反射法。脉冲反射法包括缺陷回波法、底波高度法和多次底波法。脉冲反射法采用同一个换能器来发射和接收，接收信号显示在检测仪的荧光屏上。根据缺陷及底面反射波的大小、有无及其在时基轴上的位置来判别缺陷的大小、有无及深度。脉冲反射法示意图如图 1.10 所示。

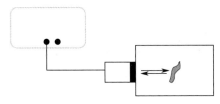

图 1.10　脉冲反射法示意图

缺陷回波法的基本原理：当试件完好时，超声波可顺利传播到底面，检测图形中只有

发射脉冲 T 及底面反射波 B 两个信号，如图 1.11 所示。若试件中存在缺陷，则在检测图形中，底面反射波前有表示缺陷的回波 F，如图 1.12 所示。

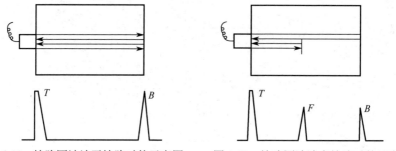

图 1.11　缺陷回波法无缺陷时的示意图　　　　图 1.12　缺陷回波法有缺陷时的示意图

底波高度法的检测原理：当试件的材质和厚度不变时，底面反射波高度应是基本不变的。如果试件内存在缺陷，则底面反射波的高度会下降，如图 1.13 所示。

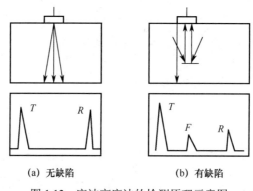

(a) 无缺陷　　　　　　　(b) 有缺陷

图 1.13　底波高度法的检测原理示意图

多次底波法的检测原理：当透入试件的超声波能量较大而试件厚度较小时，超声波可在检测面与底面之间往复传播多次，显示屏上出现多次底面反射波 B_1、B_2、B_3 等，如果试件内部存在缺陷，则底面回波次数会减小，当缺陷达到一定尺寸时，底面反射波会消失，如图 1.14 所示。

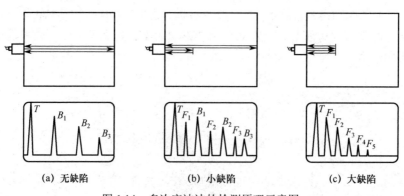

(a) 无缺陷　　　　　　　(b) 小缺陷　　　　　　　(c) 大缺陷

图 1.14　多次底波法的检测原理示意图

脉冲反射法的优点及局限性如下：①检测灵敏度高，能发现较小的缺陷；②当调整好仪器的垂直线性和水平线性时，可得到较高的检测精度；③适用范围广，可采用多种不同的方法对试件进行检测；④操作简单、方便、容易实施；⑤单个换能器检测往往在试件中有一定的盲区；⑥由于换能器存在近场效应，其不适用于薄壁试件和近表面缺陷的检测；⑦因超声波往返传播，故不适用于衰减太大的材料。

2）穿透法

穿透法也称透射法，是依据脉冲波或连续波穿透试件之后的能量变化来判断缺陷的一种方法。穿透法常采用两个换能器，一个用于发射，另一个用于接收，分别放置在试件的两侧进行检测，如图 1.15 所示。当试件内部存在缺陷时，接收换能器收到的信号变弱；当试件内部存在面积大于或等于发射换能器晶片直径的缺陷时，接收换能器接收的信号可能减弱至零。根据接收信号波幅的高低，可判断缺陷的有无和大小，如图 1.16 所示。

图 1.15　穿透法示意图

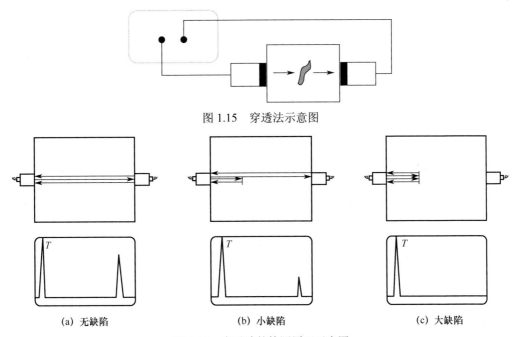

(a) 无缺陷　　　　　　　(b) 小缺陷　　　　　　　(c) 大缺陷

图 1.16　穿透法的检测原理示意图

穿透法的优点及局限性如下：①在试件中声波只单向传播，适合检测高衰减的材料；②对发射和接收的相对位置要求严格，需专门的换能器支架；③在选择好耦合剂后，特别适用于单一产品大批量加工制造过程中的机械化自动检测；④在换能器与试件相对位置布置得当后，即可进行检测，在试件中几乎不存在盲区；⑤一对换能器在单收单发的情况下，只能判断缺陷的有无；⑥当缺陷尺寸小于换能器的波束宽度时，穿透法的探测灵敏度较低。

3）TOFD 法

渡越时间衍射（Time Of Flight Diffraction，TOFD）法的基本结构为一对有一定间距的超声激励换能器与接收换能器，如图 1.17 所示。由于超声波的衍射与缺陷取向无关，因此通常使用宽角度声束的纵波换能器，这样就可一次完成对一定空间的检查。

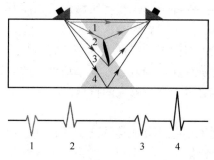

图 1.17　TOFD 法的检测原理示意图

在一个超声脉冲发射后,第一个到达接收换能器的信号通常是侧向波,如图 1.17 中"1"所示,这个侧向波刚好在试件近表面传播。如不存在缺陷,第二个到达接收换能器的信号叫作底面反射波,如图 1.17 中"4"所示。这两个信号通常作为参考,如果波形转换忽略不计,则由材料中的不连续或缺陷所产生的信号将在侧向波与底面反射波之间到达,因为侧向波和底面反射波分别对应激励换能器与接收换能器之间最短的路径和最长的路径,缺陷上端所产生的信号(图 1.17 中"2")较缺陷下端所产生的信号(图 1.17 中"3")先到达接收换能器,缺陷高度可根据两个衍射信号的渡越时间差推算出来。应注意侧向波和底面反射波及缺陷上、下端回波之间的相位翻转。另外需注意,缺陷尺寸由衍射信号的渡越时间决定,信号幅度不用于缺陷定量评估。

4)超声相控阵检测法

超声相控阵检测法是按一定的规则和时序用电子系统控制激发由多个独立的压电晶片组成的阵列换能器,通过软件控制相控阵换能器中每个晶片的激发延时和振幅。因此,超声相控阵检测法可以调节和控制焦点的位置与聚焦的方向,生成不同指向性的超声波聚焦声束,产生不同形式的声束效果,如图 1.18 所示。超声相控阵检测法也可以模拟各种斜聚焦换能器的工作,并且进行电子扫描和动态聚焦,无须或较少移动换能器。

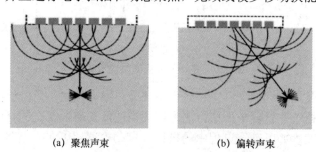

(a) 聚焦声束　　　　　　　　　　(b) 偏转声束

图 1.18　超声相控阵检测法原理示意图

(2)按波型分类

根据超声检测采用的波型,超声检测方法可分为纵波检测法、横波检测法、表面波检测法、板波检测法等。

① 纵波检测法。使用超声纵波进行检测的方法称为纵波检测法。其中,纵波直入射检测法使用纵波直入射换能器,使波束垂直入射至试件检测面,以纵波波型垂直入射试件,

用于检测试件内部质量。纵波斜入射检测法是利用小的入射角度的纵波斜入射换能器，在被检测试件内部形成折射纵波从而进行检测。

② 横波检测法。基于压电效应的超声检测，利用超声界面的波型转换原理，将纵波通过楔块、水等介质倾斜入射至试件检测面，利用波型转换得到横波，从而进行检测的方法称为横波检测法，如图 1.19 所示。由于透入试件的横波束与检测面呈锐角，因此横波检测法也称斜射法。

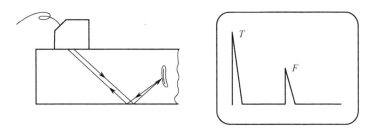

图 1.19　横波检测法原理示意图

③ 表面波检测法。使用表面波进行检测的方法称为表面波检测法，如图 1.20 所示。表面波波长比横波波长短，其衰减也大于横波衰减。表面波仅沿表面传播，对被检测试件的表面粗糙度和表面的油污等敏感，故表面波检测法主要用于检测表面光滑的试件。

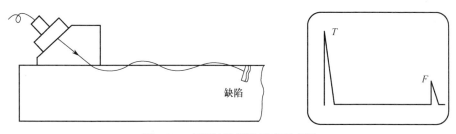

图 1.20　表面波检测法原理示意图

④ 板波检测法。使用板波进行检测的方法称为板波检测法。根据板波产生的原理，该方法主要用于薄板、薄壁管等形状简单的试件检测。检测时，板波充塞于整个试件，可以发现内部和表面的缺陷。

（3）按超声换能器与试件的接触方式分类

依据检测时超声换能器与试件的接触方式，超声检测方法可以分为直接接触法与液浸法。

① 直接接触法。超声换能器与试件检测面之间涂有很薄的耦合剂层，因此可以看作两者直接接触，这种检测方法称为直接接触法。此方法操作方便，检测波形较简单，判断容易，检出的缺陷灵敏度高，是在实际检测中用得最多的一种方法。但是，直接接触法要求检测面的表面粗糙度较低。

② 液浸法。液浸法就是将超声换能器与试件全部浸于液体中或在超声换能器与试件之间局部充以液体进行检测的方法。液体一般用水，因此，液浸法也称水浸法。

用液浸法进行纵波检测时，从超声换能器发出的声波通过一定距离的液体传播后到达液体与试件的界面，产生界面波，同时，大部分的声能传入试件。若试件中存在缺陷，则在缺陷处发生反射，且另一部分声能传至底面发生反射，其波形如图 1.21 所示。图 1.21 中，T 为始波，S 为表面反射波，F 为缺陷波，B 为底面反射波。液浸法的波形稳定，不必将超声换能器与试件接触，便于实现自动化检测，适宜检测表面粗糙的试件。

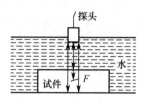

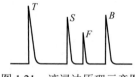

图 1.21　液浸法原理示意图

（4）按显示方式分类

超声检测方法按显示方式，可分为超声 A 扫描检测、超声 B 扫描检测、超声 C 扫描检测等。

超声 A 扫描检测：A 扫描显示是将接收到的超声信号处理成波形图像，根据波形的形状可以看出被检测物体里面的缺陷位置和大小，如图 1.22 所示。

超声 B 扫描检测：显示与检测面垂直的纵截面上的缺陷形状和大小的二维特征，如图 1.23 所示。

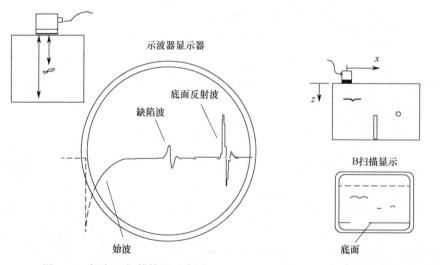

图 1.22　超声 A 扫描检测示意图　　　　图 1.23　超声 B 扫描检测示意图

超声 C 扫描检测：显示与检测面平行的横截面上的缺陷形状和大小的二维特征，如图 1.24 所示。

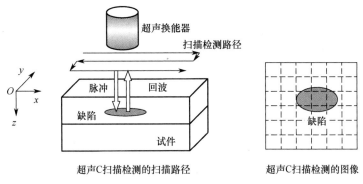

图 1.24　超声 C 扫描检测示意图

1.2.2　压电超声换能器

1.2.2.1　压电效应及压电材料

（1）逆向压电效应与超声波的发射

逆向压电效应：晶体材料受到交变电压作用时产生交变应变的现象。

晶体振动频率与交变电压的频率相同。在逆向压电效应的作用下，压电晶片将随外加电压的变化在其厚度方向上做相应的超声波振动，发出超声波。能量转换形式是把电能转换为声能。

（2）正向压电效应与超声波的接收

正向压电效应：晶体材料在交变正应力的作用下，在其表面产生交变电压的现象。

超声波的接收便利用正向压电效应，即把回波信号转换为电信号。接收并显示这一源于超声波振动的交变电压即实现了超声波信号的接收。能量转换形式是把声能转换为电能。

正向压电效应和逆向压电效应统称压电效应。当高频电脉冲激励压电晶片时，产生逆向压电效应，将电能转换为声能（机械能），换能器发射超声波；当换能器接收超声波时，产生正向压电效应，将声能转换成电能。在超声检测中，用于实现上述电声相互转换的声学器件称为超声换能器，习惯上称为探头。发射和接收纵波的探头称为直探头，发射和接收横波的探头称为斜探头或横探头。

具有压电效应的材料称为压电材料，压电材料分为单晶材料和多晶材料。常用的单晶材料有石英、硫酸锂、铌酸锂等。常用的多晶材料有钛酸钡、锆钛酸铅（$PbZrTiO_3$，PZT）、钛酸铅等，多晶材料又称压电陶瓷。

压电单晶体是各向异性的，其产生压电效应的机理与其特定方向上的原子排列方式有关。当晶体受到特定方向的压力而变形时，可使带有正、负电荷的原子位置沿某一方向改变，从而使晶体的一侧带有正电荷，另一侧带有负电荷。

压电多晶体是各向同性的。为了使整个晶片具有压电效应，必须对陶瓷多晶体进行极化处理，即在一定温度下将强外电场施加在多晶体的两端，使多晶体中的各晶胞的极化方向重新取向，从而获得总体上的压电效应。

1.2.2.2 常见压电超声换能器

压电超声换能器种类繁多，可从不同角度进行分类。其按产生的波型不同，可分为纵波探头、横波探头及表面波探头；按耦合方式不同，可分为接触式探头和水浸式探头；按波束分类方式不同，可分为聚焦探头和非聚焦探头；按晶片数量不同，可分为单晶探头和多晶探头。此外，还有可变角探头、各种专用探头等。

（1）直探头

直探头为单晶片换能器，内部结构图如图 1.25 所示，实物图如图 1.26 所示，声波垂直入射并与被检测试件直接接触，主要用于超声纵波检测。直探头由连接器、外壳、压电晶片、背衬等组成，外壳为耐磨不锈钢材质，前端为耐磨保护面，使用寿命长，与大部分金属材料的声阻抗匹配良好。

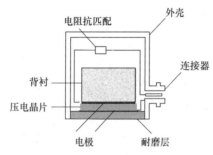

图 1.25　直探头内部结构图

图 1.26　直探头实物图

（2）双晶直探头

双晶直探头为装有两个晶片的直探头，由连接器、外壳、隔声层、发射晶片、接收晶片、延迟楔块等组成，内部结构图如图 1.27 所示，实物图如图 1.28 所示。两个晶片中的隔声材料使探头发射超声波与接收超声波的过程能够独立地完成，避免了发射信号进入接收电路而产生阻塞现象。延迟楔块带有一定的倾角，称为屋顶角，其根据发射声束和接收声束相交的焦距来设定，以满足一定的聚焦深度。

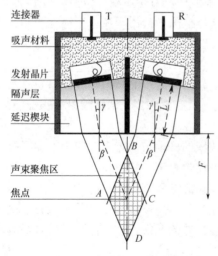

图 1.27　双晶直探头内部结构图

图 1.28　双晶直探头实物图

（3）斜探头

斜探头为进行斜入射检测用的探头，主要用于横波探伤，由斜块、插座、外壳、保护膜、压电晶片、吸声材料等组成，实物图如图 1.29 所示。

图 1.29　斜探头实物图

（4）双晶斜探头

双晶斜探头为斜探头的一种特殊类型，内置双晶片，一发一收，实物图如图 1.30 所示。

图 1.30　双晶斜探头实物图

（5）可变角探头

可变角探头允许用户调节晶片的入射角，一般调节范围为 0°～90°，随着晶片入射角度的改变，在被检测试件中产生相应折射角的纵波、横波或者表面波，实物图如图 1.31 所示。

图 1.31　可变角探头实物图

（6）表面波探头

表面波探头为发射和接收表面波的探头。表面波是沿试件表面传播的波，幅值随表面下深度的增大而迅速减小，在被检测试件的表面和近表面产生表面波。

（7）水浸式探头

水浸式探头常用于半自动化或者自动化检测系统中，探头与试件检测面之间保持一定距离的"水延迟"，探头不直接接触试件，适用于不规则的、几何形状复杂的或者表面粗糙的试件探伤，实物图如图 1.32 所示。

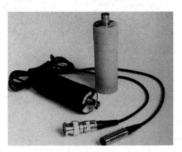

图 1.32　水浸式探头实物图

（8）高温探头

高温探头整体耐高温，可结合耐高温楔块使用，试件无须冷却。

（9）充水式探头

充水式探头由水套、探头芯、水嘴等组成，实物图如图 1.33 所示，其工作方式为部分水浸式：将探头的声束发射面/接收面浸入水中，通过水嘴将连续流动的水充入水套中，在探头芯与试件接触面形成一层薄的水膜作为耦合剂。

图 1.33　充水式探头实物图

（10）测厚探头

测厚探头一般为双晶纵波探头，与超声波测厚仪配套使用，用来测量材料的厚度值。其由铝合金外壳、不锈钢内套、有机玻璃延迟块等组成。

（11）绝缘子探头

绝缘子探头用于陶瓷绝缘子的超声检测，可分为双晶并列式爬波探头、小角度探头等。双晶并列式爬波探头使用爬波检测支柱绝缘子、磁套与法兰的结合部位是否存在裂缝等缺陷。小角度探头使用小角度纵波检测支柱绝缘子内部是否存在未烧透、孔洞、裂缝等缺陷，同时检测结合部位是否存在裂缝等缺陷。

（12）路轨探头

路轨探头含保护靴（膜）、探头芯和探头线，可用于在役钢轨野外探伤作业，可与多通道钢轨超声波检测仪配套使用。

（13）轮箍探头

轮箍探头一般为双晶聚焦探头，在轮箍踏面上对探头下方的缺陷进行检测。

（14）点焊探头

点焊探头一般为接触式探头，是通过特定软囊与试件接触的单晶片换能器，实物图如图 1.34 所示。点焊探头前端带有软囊，可在不平整的焊点上减小耦合带来的影响，不同尺寸的晶片，用于测量不同尺寸焊点的质量。

图 1.34　点焊探头实物图

（15）延时块探头

延时块探头为一种前端延时块可更换、声波垂直入射的单晶片换能器，实物图如图 1.35 所示。大带宽窄脉冲的换能器与延时块配合，保证了探头有极高的近表面分辨率，可应用于精密测厚、近表面缺陷检测、弯曲试件轮廓面检测、超薄试件检测等领域。

图 1.35　延时块探头实物图

（16）相控阵探头

相控阵探头按阵列形式，通常可分为线形、矩阵形、环形和扇形相控阵探头。相控阵探头有多种不同的阵元排列形式，可分为一维（1D）线阵、二维（2D）面阵、环形阵、扇形阵、凹面阵、凸面阵、双线形阵等，阵元排列示意图如图1.36所示。不同的阵元排列方式将会产生不同的声场特性，使相控阵探头应用于不同工况下的检测。

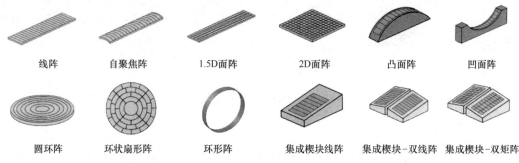

图1.36　相控阵探头的阵元排列示意图

1.2.3　超声检测系统组成及等效电路

1.2.3.1　理论基础

（1）二端网络

通过引出一对接线端子与外电路连接的网络通常称为二端网络。图1.37所示的RC电路（电阻-电容电路）系统就是一个二端网络。采用阻抗矩阵来表示这个二端网络，如图1.38所示。

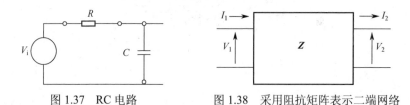

图1.37　RC电路　　　　图1.38　采用阻抗矩阵表示二端网络

用阻抗矩阵来表示二端网络，则有 $V_1 = Z_{11}I_1 + Z_{12}I_2$，$V_2 = Z_{21}I_1 + Z_{22}I_2$，整理得

$$\begin{bmatrix} V_1 \\ V_2 \end{bmatrix} = \begin{bmatrix} Z_{11} & Z_{12} \\ Z_{21} & Z_{22} \end{bmatrix} \begin{bmatrix} I_1 \\ I_2 \end{bmatrix}。$$

（2）互易原理

在只含一个电压源（或电流源）、不含受控源的线性电阻电路中，电压源（或电流源）与电流表（或电压表）互换位置，电流表（或电压表）读数不变，这种性质称为互易性。互易系统示意图如图1.39所示。

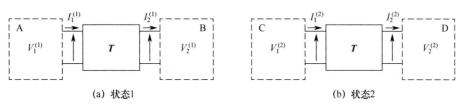

（a）状态1　　　　　　　　　　（b）状态2

图 1.39　互易系统示意图

根据互易原理，有 $V_1^{(1)}I_1^{(2)} - V_1^{(2)}I_1^{(1)} = V_2^{(1)}I_2^{(2)} - V_2^{(2)}I_2^{(1)}$，在互易系统中，若阻抗矩阵是对称的，则有 $Z_{21}=Z_{12}$，并且传递矩阵 $\boldsymbol{T}$ 的行列式等于 1，$T_{11}T_{22} - T_{12}T_{21} = 1$。在互易系统中，传递矩阵分量和阻抗矩阵分量之间的关系如下

$$\begin{cases} T_{11} = \dfrac{Z_{11}}{Z_{12}} \\[2mm] T_{12} = \dfrac{Z_{11}Z_{22} - Z_{12}^2}{Z_{12}} \\[2mm] T_{21} = \dfrac{1}{Z_{12}} \\[2mm] T_{22} = \dfrac{Z_{22}}{Z_{12}} \end{cases} \tag{1.1}$$

（3）线性时不变系统

线性时不变系统中，脉冲响应函数的频率分量也称传递函数，因为这个函数表示系统从输入传递到输出，如图 1.40 所示，有 $t(\omega) = \dfrac{O(\omega)}{I(\omega)}$。

图 1.40　线性时不变系统

如图 1.41 所示，当多个线性时不变系统级联时，系统总的单位脉冲响应等于各子系统单位脉冲响应的卷积，有 $O(\omega) = G_1(\omega) \cdot G_2(\omega) \cdot \cdots \cdot G_N(\omega) \cdot I(\omega)$。

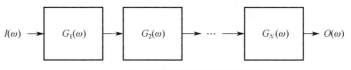

图 1.41　多个线性时不变系统的级联

1.2.3.2　超声检测系统组成

超声检测系统组成示意图如图 1.42 所示，脉冲发射仪产生电振荡并加于发射换能器上，激励发射换能器发射超声波，接收换能器接收超声波，并将获得的电信号进行放大，通过一定方式显示出来，从而得到被检测试件内部有无缺陷及缺陷位置和大小等信息。超声信号可以通过傅里叶变换将电压随时间的变化转换为脉冲频谱的幅度。

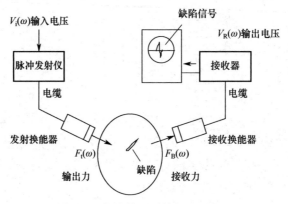

图 1.42　超声检测系统组成示意图

1.2.3.3　超声检测系统等效电路

脉冲发射仪示意图及其等效电路如图 1.43 所示。

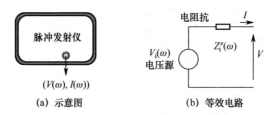

图 1.43　脉冲发射仪示意图及其等效电路

电缆是一个二端网络，可以用传递矩阵 $\begin{bmatrix} V_1 \\ I_1 \end{bmatrix} = \begin{bmatrix} T_{11}(\omega) & T_{12}(\omega) \\ T_{21}(\omega) & T_{22}(\omega) \end{bmatrix} \begin{bmatrix} V_2 \\ I_2 \end{bmatrix}$ 来表示，其示意图与等效电路如图 1.44 所示。

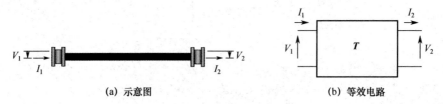

图 1.44　电缆示意图与等效电路

换能器激励超声波示意图与等效电路如图 1.45 所示。

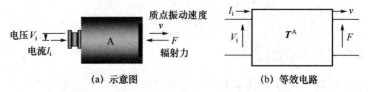

图 1.45　换能器激励超声波示意图与等效电路

因此，超声激励传递过程如图 1.46 所示。

同理，可得超声接收传递过程如图 1.47 所示。

图 1.46　超声激励传递过程　　　　图 1.47　超声接收传递过程

综上所述，可以得到完整的超声检测过程的等效电路，如图 1.48 所示。

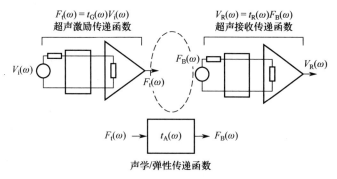

图 1.48　超声检测过程的等效电路

在图 1.48 中，超声激励传递函数为 $t_G(\omega)$，超声接收传递函数为 $t_R(\omega)$，$t_A(\omega)$ 为声学/弹性传递函数，所以有 $F_B(\omega) = t_A(\omega) F_t(\omega)$。

依据超声检测系统的传递函数，超声检测系统的传递方式如图 1.49 所示，所以有 $V_R(\omega) = t_R(\omega) t_A(\omega) t_G(\omega) V_i(\omega)$。

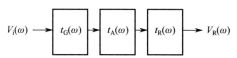

图 1.49　超声检测系统的传递方式

可以把超声激励传递函数和超声接收传递函数整合成一个函数，称为系统函数，用 $s(\omega)$ 表示，超声检测系统的系统函数传递方式如图 1.50 所示。

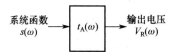

图 1.50　超声检测系统的系统函数传递方式

1.3　超声理论基础

1.3.1　波动方程及声速推导

（1）纵波波动方程及纵波声速推导

弹性固体中弹性微元的受力分析如图 1.51 所示。

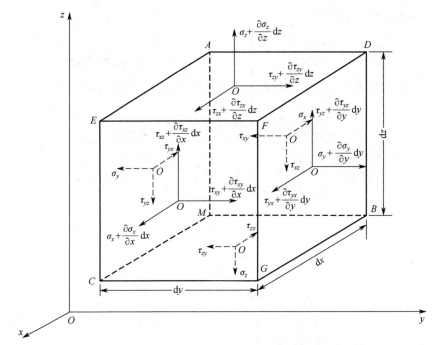

图 1.51　弹性固体中弹性微元的受力分析

在图 1.51 中，弹性微元在 x 轴、y 轴、z 轴方向的尺寸分别为 dx、dy、dz，σ_x、σ_y、σ_z 分别表示 x 轴、y 轴、z 轴方向的正应力，ε_x、ε_y、ε_z 分别为 x 轴、y 轴、z 轴方向的正应变，τ_{yz}、τ_{zx}、τ_{xy} 为切应力，γ_{yz}、γ_{zx}、γ_{xy} 为切应变，u_x、u_y、u_z 分别表示 x 轴、y 轴、z 轴方向的位移。应用牛顿第二定律，对 x 轴、y 轴、z 轴方向进行受力分析，有

$$F_i = ma_i = \rho dxdydz \frac{\partial^2 u_i}{\partial t^2} \qquad (i = x, y, z) \tag{1.2}$$

式中，ρ 为弹性微元的密度，t 为时间。因此可推导出平衡方程

$$\begin{cases} \left(\sigma_x + \dfrac{\partial \sigma_x}{\partial x}dx\right)dydz + \left(\tau_{yx} + \dfrac{\partial \tau_{yx}}{\partial y}dy\right)dxdz + \left(\tau_{zx} + \dfrac{\partial \tau_{zx}}{\partial z}dz\right)dxdy - \\[2mm] \sigma_x dydz - \tau_{yx}dxdz - \tau_{zx}dxdy = \rho dxdydz\dfrac{\partial^2 u_x}{\partial t^2} \\[2mm] \left(\sigma_y + \dfrac{\partial \sigma_y}{\partial y}dy\right)dxdz + \left(\tau_{xy} + \dfrac{\partial \tau_{xy}}{\partial x}dx\right)dydz + \left(\tau_{zy} + \dfrac{\partial \tau_{zy}}{\partial z}dz\right)dxdy - \\[2mm] \sigma_y dxdz - \tau_{xy}dydz - \tau_{zy}dxdy = \rho dxdydz\dfrac{\partial^2 u_y}{\partial t^2} \\[2mm] \left(\sigma_z + \dfrac{\partial \sigma_z}{\partial z}dz\right)dxdy + \left(\tau_{xz} + \dfrac{\partial \tau_{xz}}{\partial x}dx\right)dydz + \left(\tau_{yz} + \dfrac{\partial \tau_{yz}}{\partial z}dy\right)dxdz - \\[2mm] \sigma_z dxdy - \tau_{xz}dydz - \tau_{yz}dxdz = \rho dxdydz\dfrac{\partial^2 u_z}{\partial t^2} \end{cases} \tag{1.3}$$

进一步化简，得

$$\begin{cases} \dfrac{\partial \sigma_x}{\partial x} + \dfrac{\partial \tau_{yx}}{\partial y} + \dfrac{\partial \tau_{zx}}{\partial z} = \rho \dfrac{\partial^2 u_x}{\partial t^2} \\[3mm] \dfrac{\partial \tau_{xy}}{\partial x} + \dfrac{\partial \sigma_y}{\partial y} + \dfrac{\partial \tau_{zy}}{\partial z} = \rho \dfrac{\partial^2 u_y}{\partial t^2} \\[3mm] \dfrac{\partial \tau_{xz}}{\partial x} + \dfrac{\partial \tau_{yz}}{\partial y} + \dfrac{\partial \sigma_z}{\partial z} = \rho \dfrac{\partial^2 u_z}{\partial t^2} \end{cases} \tag{1.4}$$

考虑各向同性弹性微元，依据广义胡克定律，应力和应变的关系为

$$\begin{cases} \varepsilon_x = \dfrac{\partial u_x}{\partial x} = \dfrac{1}{E}[\sigma_x - \upsilon(\sigma_y + \sigma_z)] \\[3mm] \varepsilon_y = \dfrac{\partial u_y}{\partial y} = \dfrac{1}{E}[\sigma_y - \upsilon(\sigma_x + \sigma_z)] \\[3mm] \varepsilon_z = \dfrac{\partial u_z}{\partial z} = \dfrac{1}{E}[\sigma_z - \upsilon(\sigma_x + \sigma_y)] \\[3mm] \gamma_{yz} = \dfrac{\partial u_y}{\partial z} = \dfrac{2(1+\upsilon)}{E}\tau_{yz} \\[3mm] \gamma_{zx} = \dfrac{\partial u_z}{\partial x} = \dfrac{2(1+\upsilon)}{E}\tau_{zx} \\[3mm] \gamma_{xy} = \dfrac{\partial u_x}{\partial y} = \dfrac{2(1+\upsilon)}{E}\tau_{xy} \end{cases} \tag{1.5}$$

式中，E 为杨氏模量，υ 为泊松比。式（1.5）为本构方程。

当研究纵波的波动方程时，为简化推导又不失一般性，考虑到微元沿着 x 轴振动，纵波沿 x 轴传播，这时平衡方程中的各切应力都为 0，即 $\tau_{yz}=0$，$\tau_{zx}=0$，$\tau_{xy}=0$；同时 $u_y=u_z=0$，即 $\varepsilon_y=\varepsilon_z=0$，平衡方程（1.3）简化为

$$\frac{\partial \sigma_x}{\partial x} = \rho \frac{\partial^2 u_x}{\partial t^2} \tag{1.6}$$

应力与应变$\left(\varepsilon_x = \dfrac{\partial u_x}{\partial x} \right)$有如下关系

$$\sigma_x = \rho c_{\mathrm{P}}^2 \frac{\partial u_x}{\partial x} \tag{1.7}$$

式中，c_{P} 为纵波声速。因此，由式（1.6）和式（1.7）整理可得

$$\frac{\partial^2 u_x}{\partial x^2} - \frac{1}{c_{\mathrm{P}}^2}\frac{\partial^2 u_x}{\partial t^2} = 0 \tag{1.8}$$

式（1.8）为一维平面纵波的波动方程。

当超声波为一维平面纵波时，式（1.5）中的各切应变都为 0，即 $\gamma_{yz}=0$，$\gamma_{zx}=0$，$\gamma_{xy}=0$，$\varepsilon_y=\varepsilon_z=0$，则式（1.5）可简化为

$$\begin{cases} \varepsilon_x = \dfrac{\partial u_x}{\partial x} = \dfrac{1}{E}[\sigma_x - \upsilon(\sigma_y + \sigma_z)] \\[2mm] \dfrac{1}{E}[\sigma_y - \upsilon(\sigma_x + \sigma_z)] = 0 \\[2mm] \dfrac{1}{E}[\sigma_z - \upsilon(\sigma_x + \sigma_y)] = 0 \end{cases} \quad (1.9)$$

$$\Rightarrow (\sigma_y + \sigma_z) - 2\upsilon\sigma_x - \upsilon(\sigma_y + \sigma_z) = 0$$

$$\Rightarrow \sigma_z + \sigma_y = \frac{2\upsilon}{1-\upsilon}\sigma_x$$

$$\Rightarrow \varepsilon_x = \frac{1}{E}\left(\sigma_x - \frac{2\upsilon^2}{1-\upsilon}\sigma_x\right) = \frac{1}{E}\frac{(1+\upsilon)(1-2\upsilon)}{1-\upsilon}\sigma_x$$

因此，由式（1.7）和式（1.9）整理可得

$$c_P = \sqrt{\frac{E(1-\upsilon)}{\rho(1+\upsilon)(1-2\upsilon)}} \quad (1.10)$$

即在半无限大介质中的纵波声速 $c_P = \sqrt{\dfrac{E(1-\upsilon)}{\rho(1+\upsilon)(1-2\upsilon)}}$。

（2）横波波动方程及横波声速推导

当研究横波的波动方程时，为简化推导又不失一般性，考虑到弹性微元沿 z 轴振动，横波沿 x 轴传播，这时平衡方程中的各正应力都为 0，即 $\sigma_x = \sigma_y = \sigma_z = 0$，切应力中仅 $\tau_{xz} \neq 0$，其他都为 0，即 $\tau_{yz} = 0$，$\tau_{xy} = 0$；则平衡方程（1.3）简化为

$$\frac{\partial \tau_{xz}}{\partial x} = \rho \frac{\partial^2 u_z}{\partial t^2} \quad (1.11)$$

应力和应变有如下关系

$$\tau_{xz} = \rho c_S^2 \gamma_{zx} = \rho c_S^2 \frac{\partial u_z}{\partial x} \quad (1.12)$$

式中，c_S 为横波声速。因此，由式（1.11）和式（1.12）整理可得

$$\frac{\partial^2 u_z}{\partial x^2} - \frac{1}{c_S^2}\frac{\partial^2 u_z}{\partial t^2} = 0 \quad (1.13)$$

式（1.5）中的各正应变都为 0，即 $\varepsilon_x = \varepsilon_y = \varepsilon_z = 0$，切应变中仅 $\gamma_{zx} \neq 0$，其余都为 0，即 $\gamma_{yz} = 0$，$\gamma_{xy} = 0$，得

$$\gamma_{zx} = \frac{\partial u_z}{\partial x} = \frac{2(1+\upsilon)}{E}\tau_{zx} \quad (1.14)$$

因此，由式（1.12）和式（1.14）整理可得

$$c_S = \sqrt{\frac{E}{2(1+\upsilon)\rho}} \quad (1.15)$$

即在半无限大介质中的横波声速 $c_S = \sqrt{\dfrac{E}{2(1+\upsilon)\rho}}$。

（3）板中波速推导

超声波在板中传播，考虑到弹性微元沿 x 轴振动，超声波沿 x 轴传播，这时，平衡方程中的各切应力都为 0，即 $\tau_{yz}=0$，$\tau_{zx}=0$，$\tau_{xy}=0$；z 轴方向的正应力为 0，即 $\sigma_z=0$；同时 $u_y=0$，即 $\varepsilon_y=0$，式（1.5）简化为

$$\begin{cases} \varepsilon_x = \dfrac{\partial u_x}{\partial x} = \dfrac{1}{E}(\sigma_x - \upsilon\sigma_y) \\[3mm] \varepsilon_y = \dfrac{\partial u_y}{\partial y} = \dfrac{1}{E}(\sigma_y - \upsilon\sigma_x) = 0 \end{cases}$$

$$\Rightarrow \sigma_y = \upsilon\sigma_x \tag{1.16}$$

$$\Rightarrow \varepsilon_x = \frac{1}{E}(\sigma_x - \upsilon \cdot \upsilon\sigma_x) = \frac{(1-\upsilon^2)\sigma_x}{E}$$

因此，由式（1.7）和式（1.16）整理可得

$$c_{\mathrm{P}} = \sqrt{\frac{E}{(1-\upsilon^2)\rho}} \tag{1.17}$$

即在板中的纵波声速 $c_{\mathrm{P}} = \sqrt{\dfrac{E}{(1-\upsilon^2)\rho}}$。

（4）棒中波速推导

超声波在棒中传播，考虑到弹性微元沿 x 轴振动，超声波沿 x 轴传播，这时，平衡方程中的各切应力都为 0，即 $\tau_{yz}=0$，$\tau_{zx}=0$，$\tau_{xy}=0$；y 轴和 z 轴方向的正应力为 0，即 $\sigma_y = \sigma_z = 0$，式（1.5）简化为

$$\varepsilon_x = \frac{\partial u_x}{\partial x} = \frac{\sigma_x}{E} \tag{1.18}$$

因此，由式（1.7）和式（1.18）整理可得

$$c_{\mathrm{P}} = \sqrt{\frac{E}{\rho}} \tag{1.19}$$

即在棒中的纵波声速 $c_{\mathrm{P}} = \sqrt{\dfrac{E}{\rho}}$。

常见材料的纵波声速、横波声速、密度、声阻抗（纵波）如表 1.1 所示。

表 1.1　常见材料的纵波声速、横波声速、密度、声阻抗（纵波）

材料	纵波声速/（10^3m/s）	横波声速/（10^3m/s）	密度/（10^3kg/m³）	声阻抗（纵波）/（10^6kg·m/(m²·s)）
空气	0.33	—	0.0012	0.0004
铝	6.42	3.04	2.7	17.33
铜	5.01	2.27	8.93	44.6
有机玻璃	2.7	1.1	1.15	3.1

材料	纵波声速/（10^3m/s）	横波声速/（10^3m/s）	密度/（10^3kg/m³）	声阻抗（纵波）/（10^6kg·m/(m²·s)）
镍	5.6	3	8.84	49.5
低碳钢	5.9	3.2	7.9	46
钛	6.1	3.1	4.48	27.3
钨	5.2	2.9	19.4	101
水	1.48	—	1	1.48

1.3.2　平面波

（1）液/液界面

液体中的波动方程为

$$\nabla^2 p - \frac{1}{c^2}\frac{\partial^2 p}{\partial t^2} = 0 \tag{1.20}$$

式中，c 为液体中的纵波声速。向 $+x$ 轴方向传播的任意平面波为

$$p = \tilde{f}(t - x/c) \tag{1.21}$$

向 $+x$ 轴方向传播的平面简谐波为

$$p = \tilde{F}(f)\mathrm{e}^{2\pi \mathrm{i}f(x/c-t)} \tag{1.22}$$

通过傅里叶变换，任意平面波都可以表示为平面简谐波的叠加，即

$$\tilde{f}(t - x/c) = \int_{-\infty}^{+\infty} \tilde{F}(f)\mathrm{e}^{2\pi \mathrm{i}f(x/c-t)}\mathrm{d}f \tag{1.23}$$

平面简谐波可以用不同的形式表示

$$F(f)\mathrm{e}^{2\pi \mathrm{i}f(x/c-t)} = F(f)\mathrm{e}^{\mathrm{i}k(x-ct)} = F(\omega)\mathrm{e}^{\mathrm{i}\omega(x/c-t)} \tag{1.24}$$

式中，$\omega = 2\pi f$ 为角频率（rad/s）；$k = \omega/c$ 为波数（弧度/长度）；$2\pi/k = c/f = \lambda$ 为波长。对于最后一种形式，还可以写成

$$f(t - x/c) = \frac{1}{2\pi}\int_{-\infty}^{+\infty} F(\omega)\mathrm{e}^{\mathrm{i}\omega(x/c-t)}\mathrm{d}\omega \tag{1.25}$$

简谐波 $\mathrm{e}^{-\mathrm{i}\omega t}$ 不依赖时间项。$\pm x$ 轴方向的平面简谐波由式（1.26）给出（舍去时间项）

$$F\mathrm{e}^{\pm 2\pi \mathrm{i}fx/c} = F\mathrm{e}^{\pm \mathrm{i}\omega x/c} = F\mathrm{e}^{\pm \mathrm{i}kx} \tag{1.26}$$

平面简谐波在 3 个维度上沿正单位向量也可以写成多种形式，常用的形式为

$$F\mathrm{e}^{\mathrm{i}k\boldsymbol{n}\cdot\boldsymbol{x}} = F\mathrm{e}^{\mathrm{i}\boldsymbol{k}\cdot\boldsymbol{x}} \tag{1.27}$$

其中，$\boldsymbol{k} = k\boldsymbol{n}$。

（2）液/固界面

各向同性弹性固体中的波受矢量 Navier（纳维）方程的约束，矢量形式为

$$\mu\nabla^2 \boldsymbol{u} + (\lambda + \mu)\nabla(\nabla \cdot \boldsymbol{u}) - \rho\frac{\partial^2 \boldsymbol{u}}{\partial t^2} = 0 \tag{1.28}$$

式中，$\nabla = \dfrac{\partial}{\partial x} + \dfrac{\partial}{\partial y} + \dfrac{\partial}{\partial z}$，$\boldsymbol{u}$ 为位移矢量，λ 和 μ 为拉梅常数，ρ 为密度。Navier 方程有平面波解，这个解有纵波、横波两种形式。

纵波为

$$u = nf(t - x \cdot n / c_{\text{P}}) \tag{1.29}$$

横波为

$$u = n \times d\, g(t - x \cdot n / c_{\text{S}}) \tag{1.30}$$

式中，x 是一个代表空间点的向量，n 是平面的单位法向量，f 和 g 是任意函数，d 是平面内的任意单位向量，其法向量是 n，c_{P} 是纵波声速，c_{S} 是横波声速。

虽然 Navier 方程不是波动方程，但是 Navier 方程的解可以依据下面的势函数求得

$$u = \nabla \phi + \nabla \times \psi \tag{1.31}$$

式中，ϕ 为标量势，ψ 为矢量势。可以使用势函数来描述平面波

$$\nabla^2 \phi - \frac{1}{c_{\text{P}}^2} \frac{\partial^2 \phi}{\partial t^2} = 0 \tag{1.32}$$

$$\nabla^2 \psi - \frac{1}{c_{\text{S}}^2} \frac{\partial^2 \psi}{\partial t^2} = 0 \tag{1.33}$$

式中，ϕ 为标量势，代表纵波；ψ 为矢量势，代表横波。对于在 $+x$ 轴方向移动的纵波，可以用这个波的电势 ϕ、位移 u_x、速度 v_x、应力 τ_x 来表示

$$\begin{cases} \phi = \Phi e^{ik_{\text{P}}x - i\omega t} \\ u_x = U_x e^{ik_{\text{P}}x - i\omega t} \\ v_x = V_x e^{ik_{\text{P}}x - i\omega t} \\ \tau_x = T_x e^{ik_{\text{P}}x - i\omega t} \end{cases} \tag{1.34}$$

其中，$k_{\text{P}} = \omega / c_{\text{P}}$ 且与纵波的波数和振幅相关，且有

$$U_x = ik_{\text{P}}\Phi \tag{1.35}$$

$$V_x = -i\omega U_x \tag{1.36}$$

$$T_x = -\rho c_{\text{P}} V_x \tag{1.37}$$

其中，Φ 为势函数振幅，U_x 为位移振幅，V_x 为速度振幅，T_x 为应力振幅。对于横波，也可以使用电势、位移、速度、应力来表示，有

$$\begin{cases} \psi = \psi t e^{ik_{\text{S}}x - i\omega t} \\ u = U_{\text{S}} s e^{ik_{\text{S}}x - i\omega t} \\ v = V_{\text{S}} s e^{ik_{\text{S}}x - i\omega t} \\ \tau_{x\text{S}} = T_{x\text{S}} e^{ik_{\text{S}}x - i\omega t} \end{cases} \tag{1.38}$$

式中，t 为一个任意的单位向量，是在 x 轴方向上的单位向量；$s = e_x \times t$ 为波前平面的单位向量；$k_{\text{S}} = \omega / c_{\text{S}}$ 为剪切波的波数。在这种情况下，振幅关系为

$$\begin{cases} U_{\text{S}} = ik_{\text{S}}\psi \\ V_{\text{S}} = -i\omega U_{\text{S}} \\ T_{x\text{S}} = -\rho c_{\text{S}} V_{\text{S}} \end{cases} \tag{1.39}$$

1.3.3　球面波

球面波在物理上是由点源产生的，其示意图如图 1.52 所示。如果一个点源在各个方向都均匀地发射波，则我们期望这个波只依赖其到点源的径向距离 r。

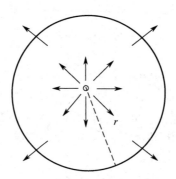

图 1.52　球面波示意图

考虑到球面谐波的时间依赖性 $e^{i\omega t}$，流体流动方程和波动方程分别为

$$-\nabla p = -i\omega p v \tag{1.40}$$

$$\nabla^2 p + \frac{\omega^2}{c^2} p = 0 \tag{1.41}$$

根据空间任意一点到点源的距离 r，流体流动方程和波动方程在球面坐标系中为

$$\frac{\partial p}{\partial r} = i\omega \rho v_r \tag{1.42}$$

$$\frac{\partial^2 p}{\partial r^2} + \frac{2}{r}\frac{\partial p}{\partial r} + \frac{\omega^2}{c^2} p = 0 \tag{1.43}$$

其有两种形式的波动方程的解

$$p = \frac{A}{r} e^{ikr} + \frac{B}{r} e^{-ikr} \tag{1.44}$$

式中，$\frac{A}{r} e^{ikr}$ 表示波沿径向方向传播，$\frac{B}{r} e^{-ikr}$ 表示波汇聚到点源。由于点源只能发射外向波，因此令 $B=0$，可以求出外向波的压力和径向速度

$$p = \frac{A}{r} e^{ikr} \tag{1.45}$$

$$v_r = \frac{A}{\rho c}\left(1 - \frac{1}{ikr}\right)\frac{e^{ikr}}{r} \tag{1.46}$$

许多情况下只对 $kr \gg 1$ 时不同波长的波感兴趣，可以近似写为

$$p = A\frac{e^{ikr}}{r} \tag{1.47}$$

$$v_r = \frac{A}{\rho c}\frac{e^{ikr}}{r} \tag{1.48}$$

弹性固体中来自点源的球面波通常有更复杂的结构，但是当 $kr \gg 1$ 时，其和液体中的结构相似，有

$$u = A\frac{e^{ik_P r}}{r} + B\frac{e^{ik_S r}}{r} \tag{1.49}$$

式中，A、B 分别为纵波、横波的振幅。

1.3.4　反射系数与透射系数

1.3.4.1　液/液界面的反射和透射

考虑在液/液界面斜入射的平面波的简单问题，如图 1.53 所示，ρ_1 和 c_{P1} 是介质 1 的密度和纵波声速，ρ_2 和 c_{P2} 是介质 2 的密度和纵波声速，平面波以角度 θ_i 从介质 1 斜入射至介质 2，平面波在液/液界面斜入射的情况在实际检测中较少遇到，因该情况较容易分析，故本书从液/液界面斜入射平面波的问题出发进行分析。平面波在液/固界面、固/固界面的相互作用与这个问题的基本原理是相同的。

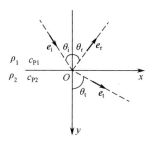

图 1.53　平面波在液/液界面的入射

入射波、反射波和透射波的压力分别如下：入射波为 $P_i \mathrm{e}^{\mathrm{i}k_{P1}\boldsymbol{e}_i \cdot \boldsymbol{x}}$，其中，$\boldsymbol{e}_i = \sin\theta_i \boldsymbol{i} + \cos\theta_i \boldsymbol{j}$；反射波为 $P_r \mathrm{e}^{\mathrm{i}k_{P1}\boldsymbol{e}_r \cdot \boldsymbol{x}}$，其中，$\boldsymbol{e}_r = \sin\theta_r \boldsymbol{i} - \cos\theta_r \boldsymbol{j}$；透射波为 $P_t \mathrm{e}^{\mathrm{i}k_{P2}\boldsymbol{e}_t \cdot \boldsymbol{x}}$，其中，$\boldsymbol{e}_t = \sin\theta_t \boldsymbol{i} + \cos\theta_t \boldsymbol{j}$。

在介质 1 和介质 2 中的总压力 p_1 和 p_2 分别为

$$p_1 = P_i \mathrm{e}^{\mathrm{i}k_{P1}(x\sin\theta_i + y\cos\theta_i)} + P_r \mathrm{e}^{\mathrm{i}k_{P1}(x\sin\theta_r - y\cos\theta_r)} \tag{1.50}$$

$$p_2 = P_t \mathrm{e}^{\mathrm{i}k_{P2}(x\sin\theta_t + y\cos\theta_t)} \tag{1.51}$$

式中，k_1、k_2 为纵波在介质 1、介质 2 中的波数。通过运动方程 $-\dfrac{\partial p}{\partial y} = -\mathrm{i}\omega\rho v_y$，可得在每种介质中总的速度为

$$\begin{cases} (v_y)_1 = \dfrac{P_i \cos\theta_i}{\rho_1 c_{P1}} \mathrm{e}^{\mathrm{i}k_{P1}(x\sin\theta_i + y\cos\theta_i)} - \dfrac{P_r \cos\theta_r}{\rho_1 c_{P1}} \mathrm{e}^{\mathrm{i}k_{P1}(x\sin\theta_r - y\cos\theta_r)} \\[2mm] (v_y)_2 = \dfrac{P_t \cos\theta_t}{\rho_2 c_{P2}} \mathrm{e}^{\mathrm{i}k_{P2}(x\sin\theta_t + y\cos\theta_t)} \end{cases} \tag{1.52}$$

当界面 $y = 0$ 时，边界条件为

$$\begin{cases} p_1 = p_2 \\ (v_y)_1 = (v_y)_2 \end{cases} \tag{1.53}$$

则

$$\begin{cases} P_i \mathrm{e}^{\mathrm{i}k_{P1}x\sin\theta_i} + P_r \mathrm{e}^{\mathrm{i}k_{P1}x\sin\theta_r} = P_t \mathrm{e}^{\mathrm{i}k_{P2}x\sin\theta_t} \\[2mm] \dfrac{P_i \cos\theta_i}{\rho_1 c_{P1}} \mathrm{e}^{\mathrm{i}k_{P1}x\sin\theta_i} - \dfrac{P_r \cos\theta_r}{\rho_1 c_{P1}} \mathrm{e}^{\mathrm{i}k_{P1}x\sin\theta_r} = \dfrac{P_t \cos\theta_t}{\rho_2 c_{P2}} \mathrm{e}^{\mathrm{i}k_{P2}x\sin\theta_t} \end{cases} \tag{1.54}$$

对于所有沿边界的 x 都需要满足给出的这些相位边界条件，应用相位匹配的原则，有

$$k_{P1} \sin \theta_i = k_{P1} \sin \theta_r = k_{P2} \sin \theta_t \quad (1.55)$$

可以得到 $\theta_i = \theta_r$，即入射角等于反射角，还可以得到

$$\frac{\sin \theta_i}{c_{P1}} = \frac{\sin \theta_t}{c_{P2}} \quad (1.56)$$

即斯涅尔定律（Snell's Law）。进一步可以得到

$$\begin{cases} P_i + P_r = P_t \\ \dfrac{P_i \cos \theta_i}{\rho_1 c_{P1}} - \dfrac{P_r \cos \theta_r}{\rho_1 c_{P1}} = \dfrac{P_t \cos \theta_t}{\rho_2 c_{P2}} \end{cases} \quad (1.57)$$

求解，可以得到根据压力比的透射系数 T_p 和反射系数 R_p

$$\begin{cases} T_p = \dfrac{P_t}{P_i} = \dfrac{2\rho_2 c_{P2} \cos \theta_i}{\rho_1 c_{P1} \cos \theta_t + \rho_2 c_{P2} \cos \theta_i} \\ R_p = \dfrac{P_r}{P_i} = \dfrac{\rho_2 c_{P2} \cos \theta_i - \rho_1 c_{P1} \cos \theta_t}{\rho_1 c_{P1} \cos \theta_t + \rho_2 c_{P2} \cos \theta_i} \end{cases} \quad (1.58)$$

或者根据速度比（$P = \rho c V$）得到

$$\begin{cases} T_v = \dfrac{V_t}{V_i} = \dfrac{2\rho_1 c_{P1} \cos \theta_i}{\rho_1 c_{P1} \cos \theta_t + \rho_2 c_{P2} \cos \theta_i} \\ R_v = \dfrac{V_r}{V_i} = \dfrac{\rho_2 c_{P2} \cos \theta_i - \rho_1 c_{P1} \cos \theta_t}{\rho_1 c_{P1} \cos \theta_t + \rho_2 c_{P2} \cos \theta_i} \end{cases} \quad (1.59)$$

在垂直入射时，可以得到

$$\begin{cases} T_v = \dfrac{2\rho_1 c_{P1}}{\rho_1 c_{P1} + \rho_2 c_{P2}} = \dfrac{2Z_1}{Z_1 + Z_2} \\ R_v = \dfrac{\rho_2 c_{P2} - \rho_1 c_{P1}}{\rho_1 c_{P1} + \rho_2 c_{P2}} = \dfrac{Z_2 - Z_1}{Z_1 + Z_2} \end{cases} \quad (1.60)$$

式中，$Z_1 = \rho_1 c_{P1}$、$Z_2 = \rho_2 c_{P2}$ 分别为介质 1 和介质 2 的声阻抗。

1.3.4.2 液/固界面的反射和透射

在超声液浸法检测中遇到的液/固界面处，液体中的平面波的反射和透射如图 1.54 所示。这种情况与 1.3.4.1 节讨论的液/液界面情况的主要区别是在液体中只存在纵波，而在固体中存在纵波和横波。

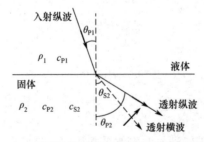

图 1.54　一个平面波通过液体在液/固界面斜入射示意图

图 1.54 中，c_{P1} 表示液体的纵波声速，c_{P2} 和 c_{S2} 分别是固体的纵波声速和横波声速。

液/固界面与液/液界面的反射和透射的另一个区别是在液/固界面的情况下可能有两个临界角。当入射角 θ_{P1} 大于第一临界角时，纵波成为沿液/固界面行进的非均匀波，固体中只有透射横波，只要固体的纵波声速 c_{P2} 大于液体的纵波声速 c_{P1}，这种临界角就会存在；当入射角 θ_{P1} 大于第二临界角时，横波也会成为沿液/固界面行进的非均匀波。可以用类似于液/液界面的反射系数和透射系数的计算方法来计算液/固界面的反射系数和透射系数，以获得平面波反射系数和透射系数，基于速度比的透射系数为

$$\begin{cases} T_{12}^{P;P} = \dfrac{2\cos\theta_{P1}\left[1-2(\sin\theta_{S2})^2\right]}{\cos\theta_{P2} + \dfrac{\rho_2 c_{P2}}{\rho_1 c_{P1}}\cos\theta_{P1}\left[4\left(\dfrac{c_{S2}}{c_{P2}}\right)^2\sin\theta_{S2}\cos\theta_{S2}\sin\theta_{P2}\cos\theta_{P2}+1-4(\sin\theta_{S2}\cos\theta_{S2})^2\right]} \\[4mm] T_{12}^{S;P} = \dfrac{-4\cos\theta_{P1}\cos\theta_{P2}\sin\theta_{S2}}{\cos\theta_{P2} + \dfrac{\rho_2 c_{P2}}{\rho_1 c_{P1}}\cos\theta_{P1}\left[4\left(\dfrac{c_{S2}}{c_{P2}}\right)^2\sin\theta_{S2}\cos\theta_{S2}\sin\theta_{P2}\cos\theta_{P2}+1-4(\sin\theta_{S2}\cos\theta_{S2})^2\right]} \end{cases}$$

$$（1.61）$$

1.3.5　超声衰减

1.3.5.1　超声衰减概述

超声衰减是超声波在介质中传播时，随着传播距离的增大能量逐渐减小的现象。一般来说，衰减的来源可能非常复杂，可以使用模型来表征衰减损耗，图 1.55 所示为穿过衰减介质的平面波，波的幅度会随着波的传播而改变。

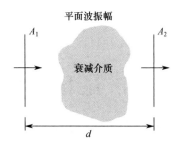

图 1.55　平面波在衰减介质中的传播

利用衰减系数对衰减的影响建立方程，并以 $\alpha(f)$ 的形式表示幅度变化

$$\frac{A_2}{A_1} = e^{-\alpha(f)d} \qquad （1.62）$$

式中，d 为在介质中传播的距离；$\alpha(f)$ 为衰减系数，单位是奈培/单位长度。衰减受许多变量的影响，一般来说，给出对定量分析有用的通用数值是不可能的。因此，对于一些材料的衰减计算，通常在试验中获得。

1.3.5.2　平均衰减的计算方法

平面波在衰减介质中传播，如图 1.56 所示，可以得到

$$\frac{A_2}{A_1} = e^{-\bar{\alpha}_{Np/1} d} \tag{1.63}$$

式中，$\bar{\alpha}_{Np/1}$ 为平均衰减。若以 dB/1 为单位，则平均衰减为

$$\bar{\alpha}_{dB/1} = -\frac{20\lg\left(\dfrac{A_2}{A_1}\right)}{d} \tag{1.64}$$

$\bar{\alpha}_{Np/1}$ 与 $\bar{\alpha}_{dB/1}$ 的关系为

$$\bar{\alpha}_{dB/1} \approx 8.686\bar{\alpha}_{Np/1} \tag{1.65}$$

计算材料的平均衰减，可通过图 1.56 所示的方法进行试验，采用纵波直探头的直接接触法，被检测试件的厚度为 D。

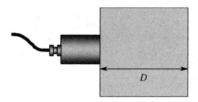

图 1.56　材料的平均衰减计算试验示意图

在超声检测仪的屏幕上，可以看到一系列均匀分布并且振幅减小的脉冲。这些脉冲是从被检测试件的底面反射的一次或几次回波，如图 1.57 所示，令这些被测信号的振幅为 $A_1, A_2, A_3, \cdots$。

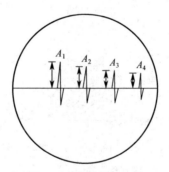

图 1.57　被测信号显示

如果被检测试件的底面在换能器远场，入射波和反射波像衰减的球面波，那么这些信号的电压 $v(t)$ 为

$$v(t) = \frac{g(t-2D/c)}{2D} e^{-2\bar{\alpha}_{Np/1}D} + \frac{g(t-4D/c)}{4D} e^{-4\bar{\alpha}_{Np/1}D} + \frac{g(t-6D/c)}{6D} e^{-6\bar{\alpha}_{Np/1}D} + \cdots \tag{1.66}$$

其中，波形由 $g(t)$ 函数给出，$\bar{\alpha}_{Np/1}$ 是被检测试件的平均衰减（Np/1）。如果令 g_{max} 为最大振幅，那么这些振幅可以表示为

$$\begin{cases} A_1 = \dfrac{g_{\max}}{2D}\mathrm{e}^{-2\bar{\alpha}_{\mathrm{Np}/l}D} \\[3mm] A_2 = \dfrac{g_{\max}}{4D}\mathrm{e}^{-4\bar{\alpha}_{\mathrm{Np}/l}D} \\[3mm] A_3 = \dfrac{g_{\max}}{6D}\mathrm{e}^{-6\bar{\alpha}_{\mathrm{Np}/l}D} \\[3mm] A_4 = \dfrac{g_{\max}}{8D}\mathrm{e}^{-8\bar{\alpha}_{\mathrm{Np}/l}D} \\[3mm] \quad\vdots \end{cases} \tag{1.67}$$

前两个反射波的振幅比为

$$\frac{A_1}{A_2} = 2\mathrm{e}^{2\bar{\alpha}_{\mathrm{Np}/l}D} \tag{1.68}$$

且

$$\begin{aligned} 20\lg\left(\frac{A_1}{A_2}\right) &= 20\lg(2) + 20\lg(\mathrm{e}^{2\bar{\alpha}_{\mathrm{Np}/l}D}) \\ &= 6\,\mathrm{dB} + 2D\cdot 20\lg(\mathrm{e}^{\bar{\alpha}_{\mathrm{Np}/l}}) \\ &= 6\,\mathrm{dB} + 2D\cdot\bar{\alpha}_{\mathrm{dB}/l} \end{aligned} \tag{1.69}$$

可以得到厚度为 D 的材料的平均衰减

$$\bar{\alpha}_{\mathrm{dB}/l} = \frac{20\lg\left(\dfrac{A_1}{A_2}\right) - 6\,\mathrm{dB}}{2D} \tag{1.70}$$

1.3.5.3 基于频率的衰减计算

图 1.58 是测量被检测试件基于频率的衰减的装置示意图,采用直探头浸水式脉冲回波法来测量被检测试件的表面反射波与底面反射波。

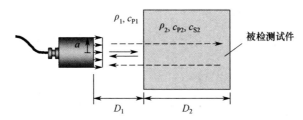

图 1.58 被检测试件纵波衰减的测量装置示意图

表面反射波的频率分量 $V_{\mathrm{fs}}(\omega)$ 及底面反射波的频率分量 $V_{\mathrm{bs}}(\omega)$ 可分别表示为

$$\begin{cases} V_{\mathrm{fs}}(\omega) = s(\omega)t_{\mathrm{A}}^{\mathrm{fs}}(\omega) \\ V_{\mathrm{bs}}(\omega) = s(\omega)t_{\mathrm{A}}^{\mathrm{bs}}(\omega) \end{cases} \tag{1.71}$$

式中,$s(\omega)$ 为系统函数,包括所有电气和机电部件(脉冲发生器/接收器、电缆、换能器等)对超声波的影响;$t_{\mathrm{A}}^{\mathrm{fs}}(\omega)$ 和 $t_{\mathrm{A}}^{\mathrm{bs}}(\omega)$ 分别为发射换能器和接收换能器的声学/弹性传递函数。因表面反射波和底面反射波的测量都是使用相同的探头和仪器完成的,并且在相同的系统设置下，系统功能是相同的，故系统函数 $s(\omega)$ 相同。

在理想传递函数模型中，表面回波的传递函数可以写成

$$t_A^{fs}(\omega) = \tilde{t}_A^{fs}(\omega)e^{-2\alpha_w(\omega)D_1} \tag{1.72}$$

$$\tilde{t}_A^{fs}(\omega) = \tilde{D}_p(k_{P1}a^2/2D_1)R_{12}e^{2ik_{P1}D_1} \tag{1.73}$$

式中，$\alpha_w(\omega)$ 为水的衰减，$\tilde{t}_A^{fs}(\omega)$ 为没有衰减的水中声学/弹性传递函数，R_{12} 为液/固界面的平面波反射系数，$\tilde{D}_p$ 为衍射系数，k_{P1} 为介质 1 中的纵波波数，k_{P2} 为介质 2 中的纵波波数。

在理想传递函数模型中，底面回波的传递函数可以写成

$$t_A^{bs}(\omega) = \tilde{t}_A^{bs}(\omega)e^{-2\alpha_w(\omega)D_1-2\alpha_{P2}(\omega)D_2} \tag{1.74}$$

$$\tilde{t}_A^{bs}(\omega) = \tilde{D}_p(k_{P1}a^2/2\bar{D})T_{12}R_{21}T_{21}e^{2ik_{P1}D_1+2ik_{P2}D_2} \tag{1.75}$$

式中，$\alpha_{P2}(\omega)$ 为被检测材料纵波的衰减系数，R_{21} 为固/液界面的反射系数，T_{12} 为液/固界面的平面波反射系数（基于压力比），T_{21} 为固/液界面的相应透射系数，c_{P1} 和 c_{P2} 分别为液体和固体中的纵波声速。由上述公式得

$$\left|\frac{V_{bs}(\omega)}{V_{fs}(\omega)}\right| = \left|\frac{\tilde{t}_A^{bs}(\omega)}{\tilde{t}_A^{fs}(\omega)}\right|e^{2\alpha_{P2}(\omega)D_2} \tag{1.76}$$

进而得到

$$e^{2\alpha_{P2}(\omega)D_2} = \left|\frac{V_{bs}(\omega)}{V_{fs}(\omega)}\right|\left|\frac{\tilde{t}_A^{fs}(\omega)}{\tilde{t}_A^{bs}(\omega)}\right| \tag{1.77}$$

式（1.77）为材料基于频率的衰减计算公式。需注意，这种方法是点对点计算的材料平均衰减，实际衰减机理是较复杂的。

习题 1

1. 压电效应与超声波激励和接收有何关系？

2. 简述超声检测系统的组成与原理。

3. 一台垂直线性好的超声波探伤仪，在显示屏上的回波高度由 60%降到 30%（显示屏垂直刻度），则对应的衰减为多少？

4. 什么是超声场？超声场的特征量有哪些？

5. 产生超声衰减的原因有哪些？

第 2 章　超声测量模型

2.1　超声换能器辐射声场

2.1.1　圆盘源超声换能器辐射声场

在超声检测中，一般采用圆形压电晶片作为激励超声波的声源，晶片两边涂有银层作为电极，利用逆向压电效应在交变电压的激励下使晶片振动，向周围介质辐射超声波。圆盘源辐射纵波声场是超声检测中应用最广泛的声源之一。图 2.1 所示为典型圆盘源超声换能器辐射声场。

图 2.1　典型圆盘源超声换能器辐射声场

超声换能器辐射声场的建模和仿真是超声无损检测理论的一个重要部分，利用该模型可分析超声换能器辐射的超声波在介质中的传播规律，即超声换能器辐射声束情况。超声换能器辐射声场的分析计算方法主要有瑞利积分法、近轴近似法、远场近似法、多元高斯声束叠加法等，下面简单介绍其中几种。

2.1.1.1　瑞利积分法

图 2.2 所示为一个圆盘源超声换能器向液体辐射声场的示意图，其中，r 为换能器表面任意一点 $B(x_0,y_0,z_0)$ 到液体介质中任意一点 $A(x,y,z)$ 的距离，$z_0=0$，故 $r=\sqrt{z^2+(x-x_0)^2+(y-y_0)^2}$。用瑞利积分法计算超声换能器辐射声场的思路是：将超声换能器表面看成一系列点源，每个点源都辐射简谐球面波，超声换能器在空间某点的声压强度是超声换能器上一系列点源辐射在该点的声压的叠加。

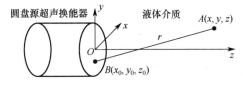

图 2.2　圆盘源超声换能器向液体辐射声场的示意图

为了计算圆盘源超声换能器辐射范围内各点的声压，需要依据惠更斯原理，将声源表面分解为无限个小单元，如图 2.3 所示，每个小单元都可以看作单一的点源，从而辐射简谐球面波。假设圆盘源超声换能器激励单一频率的连续正弦波，则每个分解的小单元在液体介质中任意一点 $A(x,y,z)$ 处的声压为

$$\mathrm{d}p(x,y,z,\omega) = \frac{-\mathrm{i}\omega\rho v_z(x',y',\omega)\mathrm{d}S\mathrm{e}^{\mathrm{i}kr}}{2\pi r} \tag{2.1}$$

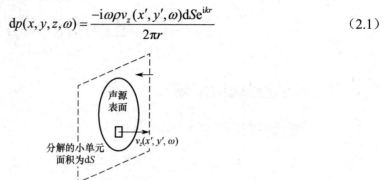

图 2.3   声源表面分解为无限个小单元示意图

把所有单一点源辐射的声压叠加起来就得到合成声波的声压，因此圆盘源超声换能器辐射声场将各个小单元的辐射叠加，式（2.2）就是瑞利积分。瑞利积分法是一种较为常用的计算超声换能器辐射声场的方法，这种方法主要采用球面波叠加的方式来计算超声换能器的辐射声场，所以可以得到较高的计算精度。但是数值方法所需要的计算时间较长，通常以瑞利积分法的计算结果为参照标准，说明其他声场计算方法的精度。

$$p(x,y,z,\omega) = \frac{-\mathrm{i}\omega\rho}{2\pi} \int_S \frac{v_z(x',y',\omega)\mathrm{e}^{\mathrm{i}kr}}{r} \mathrm{d}S \tag{2.2}$$

假设圆盘源超声换能器的振动类似于活塞的往复振动，则为活塞声源。也就是声源表面的所有质点都以相同的振幅和相位做简谐振动，即 $v_z(x',y',\omega)=v_0(\omega)$，则式（2.2）可以写成

$$p(x,y,z,\omega) = \frac{-\mathrm{i}\omega\rho v_0(\omega)}{2\pi} \int_S \frac{\mathrm{e}^{\mathrm{i}kr}}{r} \mathrm{d}S \tag{2.3}$$

根据瑞利积分，可计算圆盘源超声换能器声场辐射的轴向声压，具体过程如下。圆盘源超声换能器表面以极坐标的方式细分成网格的示意图如图 2.4 所示，则 $\mathrm{d}S = a_0\mathrm{d}a_0\mathrm{d}\theta$，其中，$a$ 为圆盘源超声换能器的半径，θ 为极坐标角度，r 为圆盘源上某点到目标位置的距离，a_0 的取值范围为 $0 \leqslant a_0 \leqslant a$，$\theta$ 的取值范围为 $0 \leqslant \theta \leqslant 2\pi$。

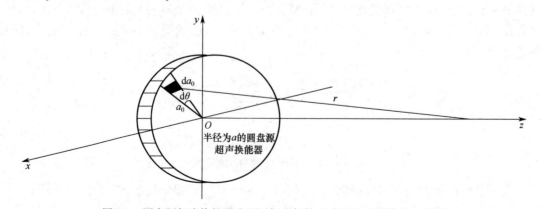

图 2.4   圆盘源超声换能器表面以极坐标的方式细分成网格的示意图

故圆盘源超声换能器的轴向声压的计算过程如下

$$p(x,y,z,\omega) = \frac{-\mathrm{i}\omega\rho v_0(\omega)}{2\pi}\int_S \frac{\mathrm{e}^{\mathrm{i}kr}}{r}\mathrm{d}S$$

$$= \frac{-\mathrm{i}\omega\rho v_0(\omega)}{2\pi}\int_0^a\int_0^{2\pi}\frac{\mathrm{e}^{\mathrm{i}k\sqrt{a_0^2+z^2}}}{\sqrt{a_0^2+z^2}}a_0\mathrm{d}a_0\mathrm{d}\theta$$

$$= \frac{-\mathrm{i}\omega\rho v_0(\omega)}{2\pi}\times 2\pi\times\frac{1}{2}\int_0^a\frac{\mathrm{e}^{\mathrm{i}k\sqrt{a_0^2+z^2}}}{\sqrt{a_0^2+z^2}}\mathrm{d}a_0^2 \qquad (2.4)$$

$$= \frac{-\mathrm{i}\omega\rho v_0(\omega)}{2\mathrm{i}k}\times 2\int_0^a\mathrm{e}^{\mathrm{i}k\sqrt{a_0^2+z^2}}\mathrm{d}(\mathrm{i}k\sqrt{a_0^2+z^2})$$

$$= -\rho c v_0(\omega)\mathrm{e}^{\mathrm{i}k\sqrt{a_0^2+z^2}}\Big|_0^a$$

$$= \rho c v_0(\omega)\left(\mathrm{e}^{\mathrm{i}kz}-\mathrm{e}^{\mathrm{i}k\sqrt{a^2+z^2}}\right)$$

故圆盘源超声换能器的轴向声压的表达式为 $p(x,y,z,\omega) = \rho c v_0(\omega)(\mathrm{e}^{\mathrm{i}kz}-\mathrm{e}^{\mathrm{i}k\sqrt{a^2+z^2}})$ ，其轴向声压图如图 2.5 所示。计算圆盘源超声换能器的轴向声场的辐射幅值时，需将该换能器产生的边缘波与直达波均考虑在内，边缘波与直达波的原理如图 2.6 所示。

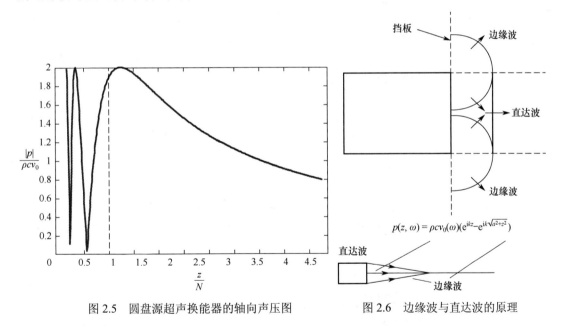

图 2.5 圆盘源超声换能器的轴向声压图   图 2.6 边缘波与直达波的原理

2.1.1.2 近轴近似法

在超声换能器辐射声场的计算中，用瑞利积分法获得解析解的情况是非常少见的，通常以数值方法来计算，其计算效率较低，故在实际应用中，瑞利积分常被作为一种参照标准，用来验证其他方法的计算精度。

近轴近似法的计算思路如下,当 $a/z \gg 1$ 时,有 $\sqrt{a^2+z^2} \approx z\left(1+\dfrac{a^2}{z^2}+\cdots\right) \approx 1+\dfrac{a^2}{2z^2}$。因此可以将圆盘源超声换能器在液体介质的轴向声压的公式推导为 $p(z,\omega)=C(a,\omega,\tilde{z})\rho cv_0 \mathrm{e}^{\mathrm{i}kz}$,其中,$C(a,\omega,\tilde{z})=1-\mathrm{e}^{\frac{\mathrm{i}k_{\mathrm{P}1}a^2}{2\tilde{z}}}$ 称为衍射修正表达式。将用瑞利积分法计算的精确的轴向声场声压与用近轴近似法计算的轴向声场声压进行对比,如图 2.7 所示,发现近轴近似法的结果与真实值吻合。

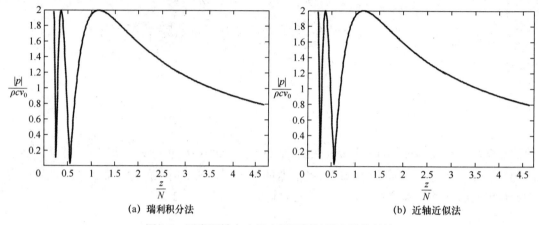

图 2.7　圆盘源轴向声场声压不同计算方法的对比

采用近轴近似法可以计算圆盘源超声换能器在液体、固体两种介质中传播的声场声压,超声波的传播示意图如图 2.8 所示。在固体介质中的质点振动位移 $u(x,\omega)$ 为

$$u(x,\omega)=\frac{v_0}{-\mathrm{i}\omega}T_{12}^{P;P}d_{\mathrm{p}}\mathrm{e}^{\mathrm{i}k_{\mathrm{P}1}Z_1+k_{\mathrm{P}2}Z_2}\left(1-\mathrm{e}^{\frac{\mathrm{i}k_{\mathrm{P}1}a^2}{2\tilde{z}}}\right) \tag{2.5}$$

其中

$$\tilde{Z}=Z_1+\frac{c_{\mathrm{P}2}}{c_{\mathrm{P}1}}Z_2$$

式中,$T_{12}^{P;P}$ 为透射系数,$k_{\mathrm{P}1}$、Z_1 和 $c_{\mathrm{P}1}$ 分别为液体介质的波数、声阻抗及纵波声速;$k_{\mathrm{P}2}$、Z_2 和 $c_{\mathrm{P}2}$ 分别为固体介质的波数、声阻抗及纵波声速;d_{p} 为沿超声波传播方向的单位向量。

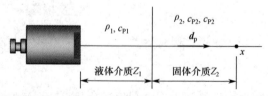

图 2.8　超声波在液体、固体两种介质中的传播示意图

2.1.1.3　远场近似法

平面活塞换能器的远场通常定义为 $z > 3N$,也称球面波地区。圆盘源超声换能器远场近

似法示意图如图 2.9 所示，传播介质的远场中任意一点 $x(x,y,z)$ 到超声换能器表面任意一点 $y(x_0,y_0,0)$ 的距离 $r = \sqrt{z^2 + (x - x_0)^2 + (y - y_0)^2}$，超声换能器表面中心到点 $x(x,y,z)$ 的距离为 R，单位向量为 $\boldsymbol{e}$，$\boldsymbol{x}$、$\boldsymbol{y}$ 分别表示点 x、点 y 所构成的向量，故有

$$
\begin{aligned}
r &= \sqrt{(\boldsymbol{x} - \boldsymbol{y}) \cdot (\boldsymbol{x} - \boldsymbol{y})} \\
&= \sqrt{(R\boldsymbol{e} - \boldsymbol{y}) \cdot (R\boldsymbol{e} - \boldsymbol{y})} \\
&\approx R\sqrt{1 - 2\boldsymbol{e} \cdot \boldsymbol{y} / R} \\
&\approx R - \boldsymbol{e} \cdot \boldsymbol{y}
\end{aligned}
\tag{2.6}
$$

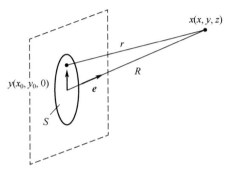

图 2.9　圆盘源超声换能器远场近似法示意图

采用远场近似法计算圆盘源超声换能器远场声压的公式为

$$
p(x,\omega) = \frac{-\mathrm{i}\omega\rho v_0}{2\pi} \frac{\mathrm{e}^{ikR}}{R} \iint_S \mathrm{e}^{-ik\boldsymbol{e}\cdot\boldsymbol{y}} \mathrm{d}x\mathrm{d}y
\tag{2.7}
$$

采用远场近似法计算矩形源超声换能器远场声压的示意图如图 2.10 所示，其中，矩形源的两边尺寸分别为 a 和 b，$e_x = \sin\theta\cos\varphi$，$e_y = \sin\theta\sin\varphi$，矩形源超声换能器远场声压的计算公式如式（2.8）所示。图 2.11 所示为中心频率为 5MHz、尺寸为 3mm×6mm 的矩形源超声换能器在水中 70mm 处的声场分布。

$$
p(x,\omega) = \frac{-\mathrm{i}\omega\rho abv_0}{2\pi} \frac{\sin\left(\dfrac{kbe_x}{2}\right)\sin\left(\dfrac{kae_y}{2}\right)}{\dfrac{kbe_x}{2}\dfrac{kae_y}{2}} \frac{\mathrm{e}^{ikR}}{R}
\tag{2.8}
$$

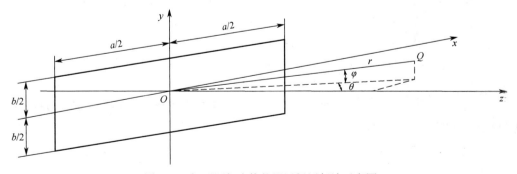

图 2.10　矩形源超声换能器远场近似法示意图

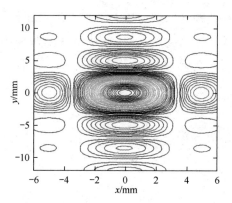

图 2.11　矩形源超声换能器的远场声场分布

2.1.1.4　圆盘源超声换能器声场特性

圆盘源超声换能器的波源附近由于波的干涉而出现一系列声压极大值和极小值的区域，称为超声场的近场区，也称菲涅耳区。近场区中的声压分布不均的原因是波源各点至轴线上某点的距离不同，存在波程差，互相叠加时存在相位差而互相干涉，使某些地方的声压相互加强，另一些地方的声压相互减弱，于是就出现了声压极大值与极小值的点。近场区长度可由公式 $N=\dfrac{a^2}{\lambda}$ 计算，其中，a 为圆盘源超声换能器的半径，λ 为超声波在介质中传播的波长。在近场区检测是不利的，因为处于声压极小值处的较大缺陷回波可能较低，而处于声压极大值处的较小缺陷回波可能较高，这样就容易引起误判甚至漏检，所以应尽可能避免在近场区检测。

波源轴线上至波源的距离 $x>N$ 的区域称为远场区，远场区轴线上的声压随着距离的增大而单调递减。

超声场的区域划分有以下几种方式。

① 近场区与远场区。根据声源轴线上的声压分布特点划分：$x<N$ 是近场区，$x>N$ 是远场区。

② 主声束与副声束。根据超声场内的声能分布情况划分：主声束集中了超声波 80% 的能量，副声束的能量较低，位于主声束的两侧。

③ 未扩散区与扩散区。根据超声波波束的扩散情况划分：在未扩散区波束不扩散，各个截面上的平均声压近似相等；在扩散区，波束以半扩散角向外扩散。

上述讨论的是液体介质、声源做活塞振动、辐射连续波的声场，简称理想声场。实际检测中往往采用固体介质、声源非均匀激发、辐射脉冲波的声场，简称实际声场。实际声场与理想声场是不完全相同的。实际声场与理想声场在远场区轴线上的声压分布基本一致，主要区别为：理想声场轴线上的声压存在一系列极大值、极小值，极大值为 2 倍的声源处起始声压，极小值为 0；实际声场在轴线上虽然也存在极大值、极小值，但波动幅度小，极大值远小于理想声场的极大值，极小值远大于理想声场的极小值，同时极值点的数量也明显减小，产生上述现象的原因如下。

① 近场区出现的声压极值点是由波的干涉造成的。理想声场是连续波，波源各点辐射

的声波在声场中的某点产生完全干涉。实际声场是脉冲波，持续时间短，只产生不完全干涉，从而使近场区轴线上的声压变化幅度明显减小。

② 由傅里叶级数可知，任意一个周期性的脉冲波都可视为很多不同频率的谐波相互叠加的结果。每种频率的超声波决定一个声场，总声场为各频率声场的叠加。频率不同，近场区长度不同，极值点的位置也不同，相互叠加的结果使近场区总声压趋于均匀。

③ 理想声场的声源做活塞振动，为均匀激发，干涉较大。实际声场的声源为非均匀激发，声源中心的振幅大，边缘的振幅小，对干涉的影响不同。其结果是非均匀激发的实际声场的干涉要小于均匀激发的理想声场的干涉。

④ 理想声场存在于液体介质中，实际声场存在于固体介质中。

2.1.2 球面聚焦超声换能器辐射声场

球形聚焦超声换能器将声波射入液体中，对于聚焦声场的计算，O'Neil（奥尼尔）提出了一个球面聚焦超声换能器的计算模型，该模型认为声波以相同的径向速度 v_0 作用在半径为 a 的球面聚焦超声换能器表面，如图 2.12 所示。

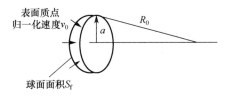

图 2.12 O'Neil 模型示意图

O'Neil 认为，尽管瑞利积分只在计算平面声源的声场时才严格有效，但在计算球面聚焦超声换能器辐射声场时，把平面面积 S 变成球面面积 S_f，瑞利积分公式可写为

$$p(x,\omega)=\frac{-\mathrm{i}\omega\rho v_0}{2\pi}\int_{S_f}\frac{\mathrm{e}^{\mathrm{i}kr}}{r}\mathrm{d}S \tag{2.9}$$

使用瑞利积分计算聚焦超声换能器的轴向声场，需计算聚焦超声换能器的面积 $\mathrm{d}S = (2\pi/q_0)r\mathrm{d}r$，其中，$q_0=1-z/R_0$。聚焦超声换能器轴向声场声压的计算公式为

$$p(x,\omega)=\frac{\rho c v_0}{q_0}[\mathrm{e}^{\mathrm{i}kz}-\mathrm{e}^{\mathrm{i}kr_e}] \tag{2.10}$$

式中，$r_e=\sqrt{(z-h)^2+a^2}$，$h=R_0-\sqrt{R_0^2-a^2}$，如图 2.13 所示。图 2.14 所示为中心频率为 10MHz、半径为 6.35mm 的聚焦超声换能器在水中辐射的轴向声场声压。

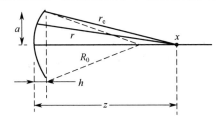

图 2.13 聚焦超声换能器轴向声场模拟平面示意图

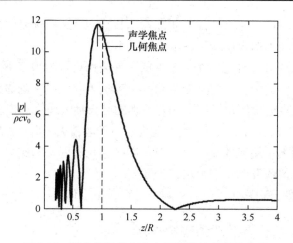

图 2.14　聚焦换能器在水中辐射的轴向声场声压

聚焦超声换能器近轴近似原理与圆盘源超声换能器近轴近似原理类似，需要将瑞利积分的部分参数近似，$r_e \approx z + \dfrac{a^2 q_0}{2z}$，近似后的轴向声场声压的计算公式如下

$$p(z,\omega) = \rho c v_0 \mathrm{e}^{ikz}\left[\frac{1}{q_0}\left(1 - \mathrm{e}^{\frac{ika^2 q_0}{2z}}\right)\right] \tag{2.11}$$

由于衍射修正表达式 $C(z,a,R_0,\omega) = \dfrac{1}{q_0}\left(1 - \mathrm{e}^{\frac{ika^2 q_0}{2z}}\right)$，因此近似后的轴向声场声压的计算公式可写为

$$p(z,\omega) = C(z,a,R_0,\omega)\ \rho c v_0 \mathrm{e}^{ikz} \tag{2.12}$$

聚焦声源在液/固界面声波传播的示意图如图 2.15 所示，其质点振动位移如下

$$\boldsymbol{u}(x,\omega) = \frac{v_0}{-\mathrm{i}\omega} T_{12}^{P;P} \boldsymbol{d}_\mathrm{p} \mathrm{e}^{(ik_{P1}Z_1 + k_{P2}Z_2)}\left[\frac{1}{\tilde{q}_0}\left(1 - \mathrm{e}^{\frac{ik_{P1}a^2 \tilde{q}_0}{2\tilde{Z}}}\right)\right] \tag{2.13}$$

式中，$T_{12}^{P;P}$ 为透射系数，$\tilde{q}_0 = 1 - \dfrac{\tilde{Z}}{R_0}$，$\tilde{Z} = Z_1 + \dfrac{c_{P2}}{c_{P1}}Z_2$。

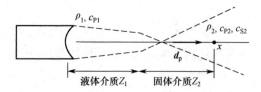

图 2.15　聚焦声源声波传播的示意图

2.1.3　接触式超声换能器辐射声场

2.1.3.1　纵波直入射

本章前面所讨论的超声换能器辐射声场均采用浸液式检测法，本节将讨论在直接接触

式检测中的超声换能器辐射声场。在直接接触式超声检测中，被检测材料为固体，超声换能器直接与被检测材料表面接触，在超声换能器和被检测材料表面之间放置了一层液体耦合剂，如水、机油或甘油，以确保超声换能器与被检测材料之间有良好的耦合性。在直接接触式超声检测中，因被检测材料的刚度与超声换能器压电晶片的刚度相当或更高，故超声换能器无法像在浸液式检测法中一样，以近似活塞源的模式激励超声波。因此，在直接接触式纵波超声检测中，假设超声换能器在其表面产生均匀的压力 p_0，进而激励复杂的各种类型的超声波，如图 2.16 所示，其中圆盘源超声换能器与被检测材料接触，被检测材料表面无应力。所产生的超声波包含在超声换能器前方圆柱形区域的直达纵波 D^P、从超声换能器边缘辐射的边缘纵波 E^P、边缘横波 E^S、头波 H、瑞利波 R。

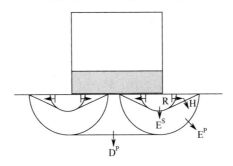

图 2.16　直接接触式纵波超声换能器产生波型示意图

　　图 2.16 给出了纵波超声换能器在直接接触式超声检测中激励的各种类型超声波，但是对于超声换能器辐射在被检测材料中声场的影响不同，瑞利波 R 仅对近检测表面的声场有影响，对远离检测表面的声场几乎没有影响。头波 H 从超声换能器辐射出时，与声场轴线呈一定角度，因此对声场的影响较小。影响声场的主要波型有直达纵波 D^P、边缘纵波 E^P、边缘横波 E^S，可采用瑞利积分法计算声场，如图 2.17 所示，由固体中的波动引起的质点振动位移为

$$\boldsymbol{u}(\boldsymbol{x}',\omega)=\frac{p_0}{2\pi\rho_1 c_{\mathrm{S1}}^2}\int_{S_{\mathrm{T}}}K_{\mathrm{S}}(\theta')\boldsymbol{d}_1^{\mathrm{S}}\frac{\mathrm{e}^{\mathrm{i}k_{\mathrm{S1}}D}}{D}\mathrm{d}S(\boldsymbol{x}'')+\frac{p_0}{2\pi\rho_1 c_{\mathrm{P1}}^2}\int_{S_{\mathrm{T}}}K_{\mathrm{P}}(\theta')\boldsymbol{d}_1^{\mathrm{P}}\frac{\mathrm{e}^{\mathrm{i}k_{\mathrm{P1}}D}}{D}\mathrm{d}S(\boldsymbol{x}'') \quad (2.14)$$

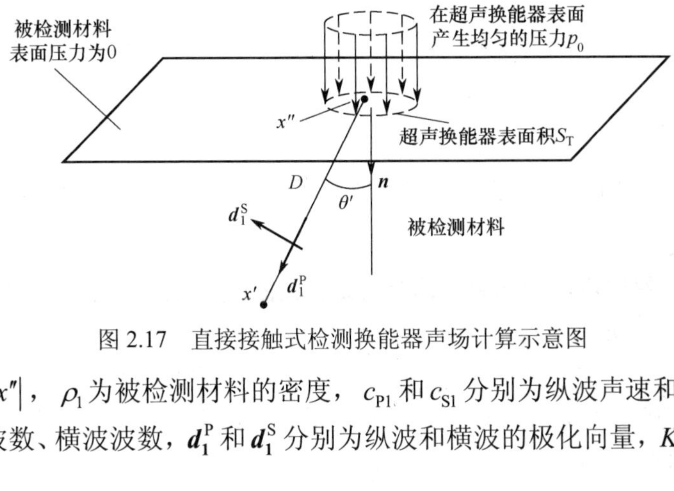

图 2.17　直接接触式检测换能器声场计算示意图

式中，$D=|\boldsymbol{x}'-\boldsymbol{x}''|$，$\rho_1$ 为被检测材料的密度，c_{P1} 和 c_{S1} 分别为纵波声速和横波声速，k_{P1}、k_{S1} 分别为纵波波数、横波波数，$\boldsymbol{d}_1^{\mathrm{P}}$ 和 $\boldsymbol{d}_1^{\mathrm{S}}$ 分别为纵波和横波的极化向量，$K_{\mathrm{P}}(\theta')$ 和 $K_{\mathrm{S}}(\theta')$ 的表达式如下

$$K_P(\theta') = \frac{\cos\theta'\kappa_1^2\left(\dfrac{\kappa_1^2}{2} - \sin^2\theta'\right)}{2G\sin\theta'} \qquad (2.15)$$

$$K_S(\theta') = \frac{\sin\theta'\cos\theta'\kappa_1^3\sqrt{1 - \kappa_1^2\sin^2\theta'}}{2G(\kappa_1\sin\theta')} \qquad (2.16)$$

式中，$G(x) = \left(x^2 - \dfrac{\kappa_1^2}{2}\right)^2 + x^2\sqrt{1 - x^2}\sqrt{\kappa_1^2 - x^2}$，$\kappa_1 = \dfrac{c_{P1}}{c_{S1}}$。

在超声换能器的中心轴线附近，θ' 较小，此时 $K_P(\theta') \approx 1$ 和 $K_S(\theta') \approx 0$，式（2.14）可简化为

$$u(x',\omega) = \frac{p_0 \boldsymbol{n}}{2\pi\rho_1 c_{P1}^2}\int_{S_T}\frac{\mathrm{e}^{\mathrm{i}k_{P1}D}}{D}\mathrm{d}S \qquad (2.17)$$

式（2.17）仅包含直达纵波 D^P 和边缘纵波 E^P，形式几乎与浸液式检测法的声场表达式相同。故在检测材料内部缺陷时，当缺陷位于超声换能器轴线或轴线附近时，其响应将达到峰值。

2.1.3.2 横波斜入射

将纵波换能器放置在超声检测用带角度的楔块上，可通过波型转换在被检测材料中产生横波，楔块与被检测材料均为固体。

由 2.1.3.1 节可知，纵波超声换能器在直接接触式超声检测的楔块中主要产生纵波和横波，所产生的纵波和横波在被检测材料中又分别产生纵波和横波，如图 2.18 所示。有研究表明，在楔块中起主要作用的波型仍然是纵波。如果楔块角度使纵波入射角度大于第一临界角，那么在被检测材料中主要产生折射横波，此时的超声换能器称为斜入射横波超声换能器。

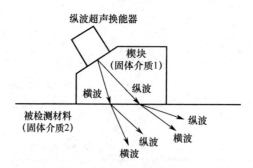

图 2.18 纵波超声换能器通过带角度的楔块产生横波的示意图

由于楔块中起主要作用的波是纵波，因此可以通过将楔块的固体材料替换为一个具有相同密度、形状、纵波声速的等效液体材料。可按图 2.19 所示对斜入射横波超声换能器进行辐射声场计算，当楔块中的入射纵波角度大于第一临界角时，在被检测材料中产生折射的横波，同时存在一个透射纵波 P（虚线箭头所示），但透射纵波 P 对声场的影响极小，通常可忽略不计。因此，可以将浸液式超声换能器辐射声场的计算方法作为直接接触式斜入射横波超声换能器辐射声场计算的基础。

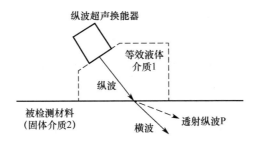

图 2.19　斜入射横波超声换能器辐射声场计算示意图

2.2　缺陷散射场

在超声检测中，超声换能器辐射声场与材料内部缺陷相互作用，产生散射波。缺陷回波与缺陷的种类、形状、尺寸、取向及位置密切相关，因此准确计算缺陷散射场是准确计算缺陷回波的关键。常见的缺陷有面积型缺陷（如裂纹、未熔合、未焊透等）和体积型缺陷（如气孔、夹渣等）。对于形态复杂的缺陷，通常需要使用数值方法来计算缺陷散射场。但是对于形状、类型均较简单的缺陷（如球形缺陷、横通孔缺陷等），可以通过建立模型来分析缺陷散射过程的一些重要特征。本节将给出部分计算缺陷散射场的方法，针对特定类型的缺陷，可选择相应的理论建立声场与缺陷作用模型，从而实现缺陷散射场的计算。

2.2.1　缺陷远场散射振幅

为了描述缺陷散射问题，图 2.20 给出了一个简单的例子，在液体介质中，超声波以平面波的形式入射，液体介质中存在一个缺陷，平面波到达缺陷处，缺陷将在各个方向产生散射波。此时，在离缺陷数个波长距离的地方，缺陷就像一个点源而产生球形波，该球形波的声压可表示为

$$p^{\text{scatt}}(y,\omega) = p_0 A(\boldsymbol{e}_i;\boldsymbol{e}_s)\frac{\mathrm{e}^{\mathrm{i}k_\mathrm{P}r_s}}{r_s} \tag{2.18}$$

式中，p_0 为入射波的声压振幅，$A(\boldsymbol{e}_i;\boldsymbol{e}_s)$ 为远场散射振幅，r_s 为缺陷的中心点到液体介质中任意一点 y 的距离，k_P 为液体介质中的纵波波数。由缺陷引起的远场散射振幅为

$$A(\boldsymbol{e}_i;\boldsymbol{e}_s) = -\frac{1}{4\pi}\int_{S_f}\left[\frac{\partial \tilde{p}}{\partial n} + \mathrm{i}k_\mathrm{P}(\boldsymbol{e}_s \cdot \boldsymbol{n})\tilde{p}\right]\mathrm{e}^{-\mathrm{i}k_\mathrm{P}\boldsymbol{x}_s\cdot\boldsymbol{e}_s}\mathrm{d}S(\boldsymbol{x}_s) \tag{2.19}$$

$$\tilde{p} = \frac{p(\boldsymbol{x}_s,\omega)}{p_0} \tag{2.20}$$

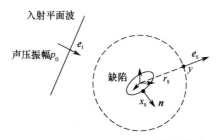

图 2.20　液体介质中的缺陷散射模型

式中，$\boldsymbol{n}$ 为垂直于缺陷表面指向液体介质的单位向量，x_s 为缺陷表面的任意一点，$\tilde{p}$ 为归一化的入射波的声压振幅，$\boldsymbol{e}_i$ 和 $\boldsymbol{e}_s$ 分别为入射波和散射波的单位矢量。

固体中的缺陷与超声换能器辐射声场相互作用的散射问题是比较复杂的，如果考虑散射波传播一定距离（传播的距离远大于波长）后的行为，即远场散射问题，散射波就可以近似为球面波，如图 2.21 所示。固体介质中的散射波包括散射纵波和散射横波，通常将散射位移场表示为两种散射波的叠加，即

$$u^{\text{scatt}}(y,\omega) = U_0 \frac{A(\boldsymbol{e}_i^{\beta};\boldsymbol{e}_s^{P})}{r_s}\mathrm{e}^{\mathrm{i}k_P r_s} + U_0 \frac{A(\boldsymbol{e}_i^{\beta};\boldsymbol{e}_s^{S})}{r_s}\mathrm{e}^{\mathrm{i}k_S r_s} \tag{2.21}$$

式中，U_0 为入射波的位移振幅；入射波的类型由 β（β = P,S）决定，当 β = P 时入射波为纵波，当 β = S 时入射波为横波；单位矢量 $\boldsymbol{e}_i^{\beta}$、$\boldsymbol{e}_s^{P}$ 和 $\boldsymbol{e}_s^{S}$ 分别为入射波和散射纵波、散射横波方向的单位向量；k_P 为固体介质中的纵波波数；k_S 为固体介质中的横波波数；$A(\boldsymbol{e}_i^{\beta};\boldsymbol{e}_s^{P})$ 为由入射波引起的纵波远场散射振幅；$A(\boldsymbol{e}_i^{\beta};\boldsymbol{e}_s^{S})$ 为由入射波引起的横波远场散射振幅。在本章中，"P" 和 "S" 作为上标分别代表纵波、横波。远场散射振幅 $A(\boldsymbol{e}_i^{\beta};\boldsymbol{e}_s^{P})$ 及 $A(\boldsymbol{e}_i^{\beta};\boldsymbol{e}_s^{S})$ 可以用 $\boldsymbol{f}^{\alpha;\beta}$ 表示，即

$$A(\boldsymbol{e}_i^{\beta};\boldsymbol{e}_s^{P}) = (\boldsymbol{f}^{P;\beta}\cdot\boldsymbol{e}_s^{P})\boldsymbol{e}_s^{P} \tag{2.22}$$

$$A(\boldsymbol{e}_i^{\beta};\boldsymbol{e}_s^{S}) = [\boldsymbol{f}^{S;\beta} - (\boldsymbol{f}^{S;\beta}\cdot\boldsymbol{e}_s^{S})\boldsymbol{e}_s^{S}] \tag{2.23}$$

$$\boldsymbol{f}^{\alpha;\beta} = f_1^{\alpha;\beta}\boldsymbol{i}_1 = -\frac{\boldsymbol{i}_1}{4\pi\rho c_\alpha^2}\int_S [\tilde{\tau}_{lk}n_k + \mathrm{i}k_\alpha C_{lkpj}e_{sk}^{\alpha}\boldsymbol{n}_p\tilde{u}_j]\mathrm{e}^{-\mathrm{i}k_\alpha x_s\cdot\boldsymbol{e}_s^{\alpha}}\,\mathrm{d}S(x_s) \tag{2.24}$$

式中，α = P,S；β = P,S；$\boldsymbol{i}_1$ 为沿一组笛卡儿坐标轴的单位矢量，n_k 为指向缺陷表面单位矢量的分量，$\boldsymbol{n}_P$ 为指向固体介质、垂直于缺陷表面的单位法向量，C_{lkpj} 为 4 阶弹性常数张量（假设被检测材料为各向同性），l、k 为应力的下标，p、j 为应变的下标。应力和位移分量通过入射波的位移振幅进行归一化，$\tilde{\tau}_{lk} = \dfrac{\tau_{lk}}{U_0}$，$\tilde{u}_j = \dfrac{u_j}{U_0}$。

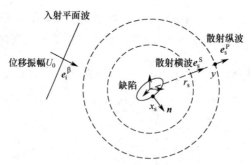

图 2.21　固体介质中的缺陷远场散射模型

2.2.2　基于基尔霍夫近似法的缺陷散射场

基尔霍夫（Kirchhoff）近似法是经常用于计算体积缺陷或裂纹缺陷散射的一种近似方法。基尔霍夫近似法的基本思路如下：平面入射波能够直接作用的缺陷表面部分被称为 "lit"（照亮）面（S_{lit}），如图 2.22 所示，而缺陷表面的其余部分为图中的阴影部分，基尔霍夫近

似法忽略沿缺陷表面传播的波，将缺陷散射场近似为 S_{lit} 中每个离散点处切平面的反射声场的叠加，缺陷阴影区域的入射平面波声场为零。当采用脉冲反射法进行超声检测时，可认为在波型相同的情况下，散射波方向与入射波方向相反，即在脉冲反射法检测中，缺陷的远场散射振幅 $A(e_i^\beta; e_s^\alpha) = A(e_i^\beta; -e_i^\beta)$，其中，入射波的类型由 β（$\beta = P, S$）决定，当 $\beta = P$ 时入射波为纵波，当 $\beta = S$ 时入射波为横波。

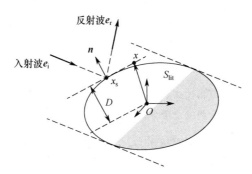

图 2.22　基尔霍夫近似缺陷散射场示意图

在脉冲反射法检测中，采用基尔霍夫近似法计算固体材料中气孔缺陷的远场散射振幅，其与流体中标量远场散射振幅一致，如下

$$A(\omega) = A(e_i^\beta; -e_i^\beta) = \frac{-ik_\beta}{2\pi} \int_{S_{lit}} (e_i^\beta \cdot n) e^{2ik_\beta x_s \cdot e_i^\beta} dS(x_s) \tag{2.25}$$

当固体材料中的气孔为半径为 a 的球形气孔时，其远场散射振幅如式（2.26）所示。图 2.23 所示为用脉冲反射法检测时，钢中半径为 1mm 的球形气孔的归一化远场散射振幅与频率的关系图。

$$A(\omega) = A(e_i^\beta; -e_i^\beta) = \frac{-a}{2} e^{-ik_\beta a} \left(e^{-ik_\beta a} - \frac{\sin(ka)}{ka} \right) \tag{2.26}$$

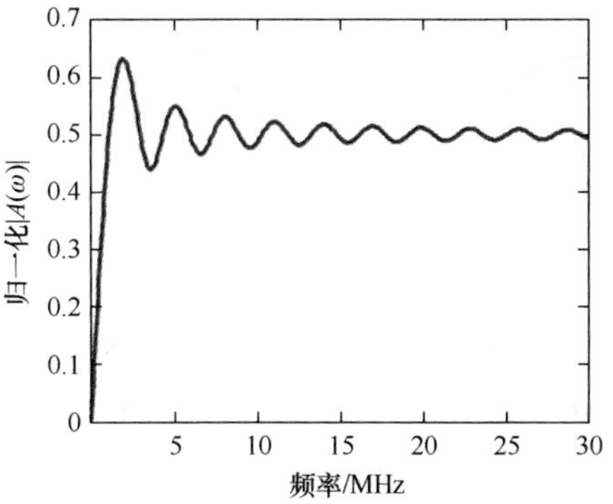

图 2.23　钢中半径为 1mm 的球形气孔的归一化远场散射振幅与频率的关系图

球形气孔可以通过分离变量法获得精确解的远场散射振幅，因此，可以将用基尔霍夫近似法获得的球形气孔的远场散射振幅与精确解进行比较，如图 2.24 所示。

从图 2.24 可以看出，基尔霍夫近似法的结果与精确解在高频时达成一致，但在低频时两者不同。其原因是基尔霍夫近似法中仅考虑了缺陷前端反射，而精确解中考虑了缺陷前端反射及爬波（Creeping Wave）的影响，爬波示意图如图 2.25 所示。

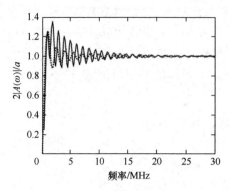

图 2.24　用基尔霍夫近似法获得的球形气孔的远场散射振幅
与精确解的比较

图 2.25　爬波示意图

采用基尔霍夫近似法计算椭圆形裂纹的远场散射振幅，椭圆形裂纹示意图如图 2.26 所示，椭圆形裂纹的次轴、主轴长度分别为 a_1、a_2，$\boldsymbol{u}_1$、$\boldsymbol{u}_2$ 为次轴、主轴方向的单位矢量，当采用脉冲反射法检测时，$\boldsymbol{e}_s^\alpha = -\boldsymbol{e}_i^\beta$，故椭圆形裂纹的远场散射振幅为

$$A(\boldsymbol{e}_i^\beta; -\boldsymbol{e}_i^\beta) = \frac{-\mathrm{i}a_1 a_2 (\boldsymbol{e}_i^\beta \cdot \boldsymbol{n})}{2r_e} \mathrm{J}_1(2k_\alpha r_e) \tag{2.27}$$

式中，J_1 为贝塞尔（Bessel）函数，r_e 和 $\boldsymbol{e}_q$ 的表达式如下

$$r_e = \sqrt{a_1^2 (\boldsymbol{e}_q^{\alpha;\beta} \cdot \boldsymbol{u}_1)^2 + a_2^2 (\boldsymbol{e}_q^{\alpha;\beta} \cdot \boldsymbol{u}_2)^2} \tag{2.28}$$

$$\boldsymbol{e}_q = \frac{\boldsymbol{e}_i^\beta - \boldsymbol{e}_s^\alpha}{\left| \boldsymbol{e}_i^\beta - \boldsymbol{e}_s^\alpha \right|} \tag{2.29}$$

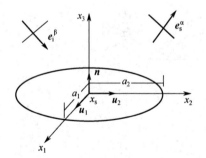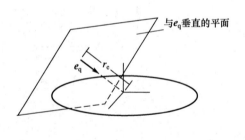

图 2.26　椭圆形裂纹示意图

当裂纹为圆形时，$a_1 = a_2 = a$，当采用一发一收的穿透检测法时，入射波的方向与缺陷的法线方向之间为正交关系，即入射波与缺陷的法线方向之间的夹角为 90°，$\boldsymbol{e}_i^\beta$ 与 $\boldsymbol{n}$ 平行，此时，圆形裂纹的远场散射振幅为

$$A(\boldsymbol{e}_i^\beta; \boldsymbol{e}_s^\alpha) = \frac{\mathrm{i}k_\beta (\boldsymbol{e}_i^\beta \cdot \boldsymbol{n})a^2}{2} \tag{2.30}$$

用脉冲反射法检测的圆形裂纹的远场散射振幅为

$$A(\boldsymbol{e}_i^\beta; -\boldsymbol{e}_i^\beta) = \frac{\mathrm{i}k_\beta a^2}{2} \tag{2.31}$$

采用基尔霍夫近似法计算横通孔的远场散射振幅，横通孔示意图如图 2.27 所示，平面波入射方向垂直于横通孔轴线，采用脉冲反射法检测时，横通孔的远场散射振幅为

$$A(\boldsymbol{e}_i^\beta; -\boldsymbol{e}_i^\beta) = \frac{(k_\beta b)L}{2}[\mathrm{J}_1(2k_\beta b) - \mathrm{i}\mathrm{S}_1(2k_\beta b)] + \frac{\mathrm{i}(k_\beta b)L}{\pi} \qquad (2.32)$$

式中，J_1 为一阶贝塞尔（Bessel）函数，S_1 为一阶斯特劳夫（Struve）函数。当频率较高时，式（2.32）可化简为式（2.33）的形式，当频率较低时，式（2.32）可简化为式（2.34）的形式

$$A(\boldsymbol{e}_i^\beta; -\boldsymbol{e}_i^\beta) \approx \frac{L}{2}\sqrt{\frac{k_\beta b}{\pi}}\mathrm{e}^{\mathrm{i}\left(\frac{3\pi}{4} - 2k_\beta b\right)} \qquad (2.33)$$

$$A(\boldsymbol{e}_i^\beta; -\boldsymbol{e}_i^\beta) \approx \frac{\mathrm{i}k_\beta bL}{\pi} \qquad (2.34)$$

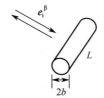

图 2.27　横通孔示意图

2.2.3　基于分离变量法的缺陷散射场

采用分离变量法可以获得弹性固体中的球形缺陷和圆柱形缺陷的精确的远场散射振幅。尽管球形缺陷或圆柱形缺陷的几何形状都较简单，但是可以分析材料内部气孔或侧向孔类型的缺陷，也可作为精确解来测试更多的近似理论和数值方法。在纵波脉冲反射法检测中，采用分离变量法计算的半径为 b 的球形缺陷的远场散射振幅为

$$A(\boldsymbol{e}_i^\mathrm{P}; -\boldsymbol{e}_i^\mathrm{P}) = \frac{-1}{\mathrm{i}k_\mathrm{P}}\sum_{n=0}^{\infty}(-1)^n A_n \qquad (2.35)$$

其中

$$A_n = \frac{E_3 E_{42} - E_4 E_{32}}{E_{31}E_{42} - E_{41}E_{32}} \qquad (2.36)$$

$$\begin{cases} E_3 = (2n+1)\{[n^2 - n - (k_\mathrm{S}^2 b^2/2)]\mathrm{j}_n(k_\mathrm{P}b) + 2k_\mathrm{P}b\mathrm{j}_{n+1}(k_\mathrm{P}b)\} \\ E_4 = (2n+1)[(n-1)\mathrm{j}_n(k_\mathrm{P}b) - k_\mathrm{P}b\mathrm{j}_{n+1}(k_\mathrm{P}b)] \\ E_{31} = [n^2 - n - (k_\mathrm{S}^2 b^2/2)]\mathrm{h}_n^{(1)}(k_\mathrm{P}b) + 2k_\mathrm{P}b\mathrm{h}_{n+1}^{(1)}(k_\mathrm{P}b) \\ E_{41} = (n-1)\mathrm{h}_n^{(1)}(k_\mathrm{P}b) - k_\mathrm{P}b\mathrm{h}_{n+1}^{(1)}(k_\mathrm{P}b) \\ E_{32} = -n(n+1)[(n-1)\mathrm{h}_n^{(1)}(k_\mathrm{S}b) - k_\mathrm{S}b\mathrm{h}_{n+1}^{(1)}(k_\mathrm{S}b)] \\ E_{42} = -[n^2 - 1 - (k_\mathrm{S}^2 b^2/2)]\mathrm{h}_n^{(1)}(k_\mathrm{S}b) - k_\mathrm{S}b\mathrm{h}_{n+1}^{(1)}(k_\mathrm{S}b) \end{cases} \qquad (2.37)$$

其中，$\mathrm{j}_n(x)$ 为球贝塞尔函数，$\mathrm{h}_n^{(1)}(x)$ 为球汉开尔函数，n 为阶数，x 为自变量。图 2.28 所示为用脉冲反射法检测时，钢中半径为 b 的球形气孔的归一化远场散射振幅与频率的关系图。

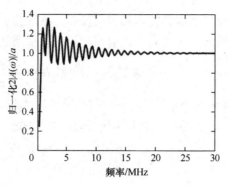

图 2.28　钢中半径为 b 的球形气孔的归一化远场散射振幅与频率的关系图

在纵波脉冲反射法检测中，采用分离变量法计算的半径为 b 的侧向孔（圆柱形缺陷）的远场散射振幅为

$$\begin{cases} \dfrac{A_{3D}(e_i^P;-e_i^P)}{L} = \dfrac{i}{2\pi}\sum_{n=0}^{\infty}(2-\delta_{0n})(-1)^n F_n \\ A_{2D}(\omega) = \left(\dfrac{2i\pi}{k_{\alpha 2}}\right)^{1/2}\dfrac{A_{3D}(\omega)}{L} \end{cases} \tag{2.38}$$

式中

$$\delta_{0n} = \begin{cases} 1 & n=0 \\ 0 & \text{其他} \end{cases} \tag{2.39}$$

$$F_n = 1 + \frac{C_n^{(2)}(k_P b)\, C_n^{(1)}(k_S b) - D_n^{(2)}(k_P b) D_n^{(1)}(k_S b)}{C_n^{(1)}(k_P b)\, C_n^{(1)}(k_S b) - D_n^{(1)}(k_P b) D_n^{(1)}(k_S b)} \tag{2.40}$$

$$C_n^{(i)}(x) = [n^2 + n - (k_S b)^2 / 2]H_n^{(i)}(x) - [2n H_n^{(i)}(x) - x H_{n+1}^{(i)}(x)] \tag{2.41}$$

$$D_n^{(i)}(x) = n(n+1)H_n^{(i)}(x) - n[2n H_n^{(i)}(x) - x H_{n+1}^{(i)}(x)] \tag{2.42}$$

其中，上标圆括号中的 i 表示 1 或 2，$H_n^{(1)}(x)$ 和 $H_n^{(2)}(x)$ 表示第一类修正贝塞尔函数和第二类修正贝塞尔函数。

2.3　超声测量模型及应用

2.3.1　超声测量模型概述

超声检测的模拟仿真对无损检测与评价领域来说非常重要。通过超声检测的模拟仿真，可以更深入、直观地理解超声波的产生、传播、被检测试件中缺陷处的散射及缺陷散射信号的接收。超声检测缺陷回波信号的仿真其实就是超声测量模型。超声测量模型利用超声模拟方法，依据检测系统、材料和缺陷特征参数来定量预测缺陷回波信号的模型方法，也是描述超声波的产生、传播、缺陷散射及缺陷回波的接收这一完整测量过程的理论方法。

在第 1 章中已经介绍了系统函数 $s(\omega)$ 和声学/弹性传递函数 $t_A(\omega)$，超声测量模型如图 2.29 所示。

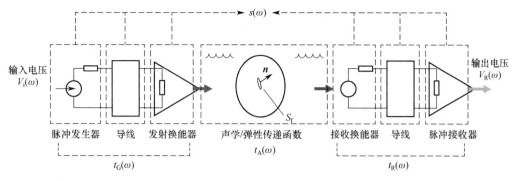

图 2.29 超声测量模型

由图 2.29 可以得到

$$V_R(\omega) = t_G(\omega)t_R(\omega)V_i(\omega)t_A(\omega)$$
$$= s(\omega)t_A(\omega) \tag{2.43}$$

对于系统函数 $s(\omega)$，可以通过测量其包含的所有电气组件求得，或者在校准设置中进行直接测量得到。在任何情况下，如果使用相同的系统和设置，并在相同的条件下进行缺陷检测，就可以在式（2.43）中使用相同的系统函数 $s(\omega)$ 进行缺陷检测。对于缺陷检测，还需要用可以进行建模或测量的量来描述声学/弹性传递函数 $t_A(\omega)$。一旦知道了 $t_A(\omega)$，式（2.43）就提供了缺陷检测的完整的超声测量模型。本章将描述如何构建声学/弹性传递函数的模型及由此产生的完整的超声测量模型。

2.3.2 系统函数与系统影响因子

可以将脉冲发生器的输入电压 $V_i(\omega)$ 和电阻、电缆的传递矩阵、换能器的阻抗（电气和声学）和灵敏度，以及脉冲接收器的电阻和放大倍数等对系统的影响合并成一个单一因子 $s(\omega)$，即系统函数 $s(\omega) = t_G(\omega)t_R(\omega)V_i(\omega)$，即 $V_R(\omega) = s(\omega)t_A(\omega)$。在明确传递函数 $t_A(\omega)$ 且可以测量输出电压 $V_R(\omega)$ 的校准设置中，可以通过去卷积来获取系统函数 $s(\omega)$。为了降低去卷积对噪声的敏感性，可以使用维纳（Wiener）滤波器，并从中获得系统函数，即

$$s(\omega) = \frac{V_R(\omega)t_A^*(\omega)}{\left|t_A(\omega)\right|^2 + \varepsilon^2 \max\left\{\left|t_A(\omega)\right|^2\right\}} \tag{2.44}$$

式中，ε 为一个常数，表示存在的噪声水平；$t_A^*(\omega)$ 表示 $t_A(\omega)$ 的复共轭。确定系统函数 $s(\omega)$ 的方法是在一组固定的系统设置中进行的，系统设置包括脉冲发生器上的能量和阻尼设置、脉冲接收器的增益设置等，并使用一组给定的电缆和换能器。如果进行另一组缺陷检测试验，其设置完全相同且使用相同的电缆和换能器，那么从校准设置中获得的系统函数将与缺陷检测的系统函数相同。$s(\omega)$ 与被测缺陷响应无关，其表征并消除了那些与缺陷无关的信号部分，使与缺陷相关的响应可以更直接地确定。

确定系统函数 $s(\omega)$ 的方法是将已经明确的声学/弹性传递函数 $t_A(\omega)$ 与缺陷散射模型结合起来，根据测量的输出电压 $V_R(\omega)$ 与确切的 $t_A(\omega)$，可以获得 $s(\omega)$ 的测量值。如图 2.30 所示，虚线显示的系统函数 $s(\omega)$ 为通过去卷积直接测量的，实线显示的系统函数 $s(\omega)$ 为通

过对所有电气组件及换能器等进行单独测量构建的。

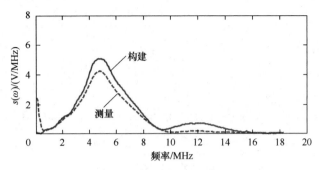

图 2.30　两种系统函数的对比

系统影响因子（System Efficiency Factor）$\beta(\omega)$ 与系统函数密切相关，其满足

$$V_R(\omega) = \beta(\omega)\frac{p_{ave}(\omega)}{\rho c v_0(\omega)} \tag{2.45}$$

式中，$p_{ave}(\omega)$ 为入射波在接收换能器上产生的平均声强，$v_0(\omega)$ 为发射换能器（活塞源）的质点振动速度，ρc 为辐射介质的声阻抗。系统影响因子 $\beta(\omega)$ 与系统函数 $s(\omega)$ 的关系为

$$s(\omega) = \frac{S_T}{2S_R}\beta(\omega) \tag{2.46}$$

式中，S_T 为发射换能器的表面积，S_R 为接收换能器的表面积。因此，系统影响因子 $\beta(\omega)$ 与系统函数 $s(\omega)$ 之间存在比例关系，用这两个量中的任何一个来表征所使用的测量系统都可以。

2.3.3　基于互易原理的超声测量模型

互易原理是声学领域的基础性原理，其表明在特定条件下，系统的输入和输出可以互换。具体来说，在超声检测中，互易原理指出在声波的传播过程中，发射和接收是可以互换的。通过互易原理，能够更深入地理解超声检测系统的行为，互易原理为其建模和分析提供了有力的理论基础。在二端网络中，基于互易原理的电流和电压的关系为

$$V_1^{(1)}I_1^{(2)} - V_1^{(2)}I_1^{(1)} = V_2^{(1)}I_2^{(2)} - V_2^{(2)}I_2^{(1)} \tag{2.47}$$

在超声检测系统中，如果活塞源（发射换能器）满足互易原理，则有

$$V^{(1)}I^{(2)} - V^{(2)}I^{(1)} = F^{(1)}v^{(2)} - F^{(2)}v^{(1)} \tag{2.48}$$

式中，F 为作用在发射换能器表面的压力，v 为发射换能器表面法线方向的质点振动速度。

图 2.31 所示为将互易原理应用于超声浸液式穿透检测系统的示意图。图 2.31（a）所示为状态（1），在这个状态下，发射换能器（活塞源）T 激励超声波并在其表面产生法向质点振动速度 $v_T^{(1)}$，发射换能器 T 的表面积为 S_T；接收换能器 R 接收超声波信号，其表面积为 S_R；被检测试件的表面积为 S_e，其内部缺陷的表面积为 S_f，$\boldsymbol{n}$ 为垂直于其表面的单位向量。图 2.31（b）所示为状态（2），在这个状态下，法向质点振动速度 $v_T^{(2)}$ 驱动接收换能器 R，发射换能器 T 和接收换能器 R 与状态（1）相同，被检测试件与状态（1）下相同但是不含缺陷。

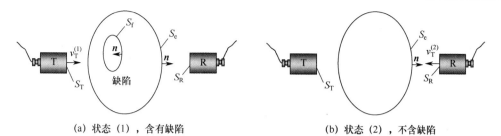

(a) 状态（1），含有缺陷　　　　　　　　　(b) 状态（2），不含缺陷

图 2.31　将互易原理应用于超声浸液式穿透检测系统的示意图

在状态（1）和状态（2）下应用互易原理，则有

$$\int_{S_T+S_R}(p^{(1)}v^{(2)}-p^{(2)}v^{(1)})\cdot n\mathrm{d}S=-\int_{S_e}(p^{(1)}v^{(2)}-p^{(2)}v^{(1)})\cdot n\mathrm{d}S \quad (2.49)$$

式中，$p^{(1)}$ 和 $v^{(1)}$ 分别为状态（1）的压力场和速度场，$p^{(2)}$ 和 $v^{(2)}$ 分别为状态（2）的压力场和速度场。由于发射换能器为活塞源，因此可以从式（2.49）的积分中去除速度项，从而得到

$$(F_T^{(1)}v_T^{(2)}-F_T^{(2)}v_T^{(1)})+(F_R^{(1)}v_R^{(2)}-F_R^{(2)}v_R^{(1)})=-\int_{S_e}(p^{(1)}v^{(2)}-p^{(2)}v^{(1)})\cdot n\mathrm{d}S \quad (2.50)$$

式中，$F_T^{(m)}$ 和 $v_T^{(m)}(m=1,2)$ 分别为发射换能器 T 的表面压力与法向速度；$F_R^{(m)}$ 和 $v_R^{(m)}(m=1,2)$ 分别为接收换能器 R 的表面压力与法向速度。若从换能器表面指向外的法向速度为正，被检测试件的表面压力和法向速度连续，则式（2.50）可以写成

$$F_T^{(1)}v_T^{(2)}-F_T^{(2)}v_T^{(1)}+(F_R^{(1)}v_R^{(2)}-F_R^{(2)}v_R^{(1)})$$
$$=\int_{S_e}(t^{(1)}v^{(2)}-t^{(2)}v^{(1)})\mathrm{d}S \quad (2.51)$$
$$=-\int_{S_f}(t^{(1)}v^{(2)}-t^{(2)}v^{(1)})\mathrm{d}S$$

式中，$t^{(1)}$ 和 $v^{(1)}$ 分别为状态（1）的应力矢量和速度矢量，$t^{(2)}$ 和 $v^{(2)}$ 分别为状态（2）的应力矢量和速度矢量。取 n_j 为向外法线的分量，τ_{ji} 为笛卡儿应力（其中，$i,j=1,2,3$，当 $i=j$ 时，τ_{ji} 表示两个坐标轴之间的正应力分量；当 $i\neq j$ 时，τ_{ji} 表示两个坐标轴之间的剪应力（切应力）分量，即 τ_{12}、τ_{13}、τ_{23}），则有

$$F_T^{(1)}v_T^{(2)}-F_T^{(2)}v_T^{(1)}+(F_R^{(1)}v_R^{(2)}-F_R^{(2)}v_R^{(1)})=\int_{S_f}(\tau_{ji}^{(1)}v_i^{(2)}-\tau_{ji}^{(2)}v_i^{(1)})n_j\mathrm{d}S \quad (2.52)$$

对于被检测试件内的缺陷，声学/弹性传递函数 $t_A(\omega)$ 为

$$t_A(\omega)=\frac{1}{Z_r^T v_T^{(1)}v_R^{(2)}}\int_{S_f}(\tau_{ji}^{(1)}v_i^{(2)}-\tau_{ji}^{(2)}v_i^{(1)})n_j\mathrm{d}S \quad (2.53)$$

式中，Z_r^T 为发射换能器的声辐射阻抗。故可以建立一个完整的超声测量模型，预测缺陷回波信号为

$$V_R(\omega)=\frac{s(\omega)}{Z_r^T v_T^{(1)}(\omega)v_R^{(2)}(\omega)}\int_{S_f}[\tau_{ji}^{(1)}(x,\omega)v_i^{(2)}(x,\omega)-\tau_{ji}^{(2)}(x,\omega)v_i^{(1)}(x,\omega)]n_j(x)\mathrm{d}S \quad (2.54)$$

式中，x 为缺陷表面的任意一点；$n_j(x)$ 为缺陷表面 x 位置的单位法向量的分量。这里的讨论都是在频域进行的，故用 ω 代表。

式（2.54）是一个重要的结果，如果能够测量系统函数 $s(\omega)$ 并在状态（1）和状态（2）下模拟缺陷处的应力场和速度场，就可以在任何超声检测系统中预测缺陷的回波响应。

式（2.54）是基于图 2.31 的超声浸液式穿透检测系统得到的结果，但式（2.54）同样适用于超声脉冲回波法和接触法。

2.3.4　汤普森-格雷超声测量模型

2.3.4.1　Thompson-Gray（汤普森-格雷）超声测量模型概述

在 2.3.3 节中做了如下假设：①所检测试件为线性声学/弹性介质；②脉冲发生器、脉冲接收器、超声换能器和检测所用电缆等均为线性时不变系统；③发射换能器的法向速度可以写成如 $v_{\mathrm{T}}^{(1)}(x,\omega)=v_{\mathrm{T}}^{(1)}(\omega)f(x)$ 分离的形式；④发射换能器为高频活塞源。基于上述假设，可得到如式（2.54）所示的 $V_{\mathrm{R}}(\omega)$ 表达式。进一步地，假设缺陷处的入射波可表示为准平面波，如图 2.32 所示，其中，$v_j^{(1);\mathrm{inc}}$ 为状态（1）的入射波速度场，$v_j^{(2)}$ 为状态（2）的入射波速度场，故有

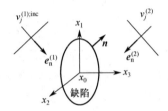

图 2.32　三维小缺陷准平面波入射示意图

$$v_j^{(1);\mathrm{inc}} = v_{\mathrm{T}}^{(1)}\hat{V}^{(1)}(x,\omega)d_j^{(1)}\mathrm{e}^{\mathrm{i}k_{\beta 2}e_{\mathrm{n}}^{(1)}x_{\mathrm{n}}} \tag{2.55}$$

$$v_j^{(2)} = v_{\mathrm{R}}^{(2)}\hat{V}^{(2)}(x,\omega)d_j^{(2)}\mathrm{e}^{\mathrm{i}k_{\alpha 2}e_{\mathrm{n}}^{(2)}x_{\mathrm{n}}} \tag{2.56}$$

式中，$\hat{V}^{(m)}(m=1,2)$ 为状态（1）和状态（2）下速度场与换能器表面辐射平均速度场的归一化结果，$d_j^{(m)}(m=1,2)$ 为状态（1）和状态（2）的入射波的极化方向，$e_{\mathrm{n}}^{(m)}(m=1,2)$ 为状态（1）和状态（2）的入射波的传播方向上的单位向量，$k_{\alpha 2}$ 和 $k_{\beta 2}$ 为状态（1）和状态（2）下被检测试件的波数，α 和 β 代表超声波波型（横波或纵波），$x=(x_1,x_2,x_3)$ 为缺陷中心点。进而得到

$$V_{\mathrm{R}}(\omega) = s(\omega)\hat{V}^{(1)}\hat{V}^{(2)}\frac{4\pi\rho_2 c_{\alpha 2}}{-\mathrm{i}k_{\alpha 2}Z_{\mathrm{r}}^{\mathrm{T}}}\int_{S_{\mathrm{f}}}\mathbb{A}(x,\omega)\,\mathrm{d}S \tag{2.57}$$

其中

$$\mathbb{A}(x,\omega) = \frac{1}{4\pi\rho_2 c_{\alpha 2}^2}\left(\tilde{\tau}_{ij}^{(1)}d_i^{(2)} - C_{ijkl}d_k^{(2)}\frac{e_l^{(2)}}{c_{\alpha 2}}\tilde{v}_i^{(1)}\right)n_j\,\mathrm{e}^{\mathrm{i}k_{\alpha 2}e^{(2)}\cdot x} \tag{2.58}$$

$$\tilde{v}_j^{(1)} = \frac{-\mathrm{i}\omega v_j^{(1)}}{v_{\mathrm{T}}^{(1)}\hat{V}^{(1)}} \tag{2.59}$$

$$\tilde{\tau}_{ij}^{(1)} = \frac{-\mathrm{i}\omega\tau_{ij}^{(1)}}{v_{\mathrm{T}}^{(1)}\hat{V}^{(1)}} \tag{2.60}$$

式中，ρ_2 和 $c_{\alpha 2}$ 分别为被检测试件的密度和声速，C_{ijkl} 为 4 阶弹性常数张量的值，i、j 为应

力的下标，k、l 为应变的下标。假设缺陷为体积较小的三维缺陷，入射波振幅在缺陷表面的变化不大，则可以采用远场散射振幅 $A(\omega)=\int_S \mathbb{A}(x,\omega)\,\mathrm{d}S(x_\mathrm{s})$ 来简化式（2.57），可得

$$V_\mathrm{R}(\omega)=s(\omega)\hat{V}^{(1)}\hat{V}^{(2)}A(\omega)\left[\frac{4\pi\rho_2 c_{\alpha2}}{-\mathrm{i}k_{\alpha2}Z_\mathrm{r}^\mathrm{T}}\right] \tag{2.61}$$

式（2.61）所示的模型可以用于像平底孔和球形空隙这样的人工缺陷的信号仿真。因为当平底孔和球形空隙比较小时，在缺陷表面的声场变化可以忽略。

2.3.4.2　圆柱形缺陷的超声测量模型

对于像横通孔这样的缺陷，在小缺陷的假设条件下，横截面的声场变化可以忽略，但长度方向的声场变化是不能忽略的。针对这种情况，需要建立一个适用于这类缺陷的超声测量模型，模型需要考虑长度方向上的声场变化。同样在准平面波入射的假设条件下，假设入射波和散射波的方向垂直于圆柱轴线，横通孔轴线方向的长度为 L，如图 2.33 所示，针对横通孔获得了较为简单的表达式

$$V_\mathrm{R}(\omega)=s(\omega)\left[\int_L \hat{V}_0^{(1)}\hat{V}_0^{(2)}\mathrm{d}x_2\right]\frac{A_\mathrm{3D}(\omega)}{L}\frac{4\pi\rho_2 c_{\alpha2}}{-\mathrm{i}k_{\alpha2}Z_\mathrm{r}^\mathrm{T}} \tag{2.62}$$

式中，$\hat{V}_0^{(m)}\equiv\hat{V}^{(m)}(x_1,x_2,x_3)=\hat{V}^{(m)}(0,x_2,0)\,(m=1,2)$，$L$ 表示沿横通孔轴向的积分路径，$A_\mathrm{3D}(\omega)$ 的表达式为

$$A_\mathrm{3D}(\omega)=L\int_C \mathbb{A}(x,\omega)\mathrm{d}S \tag{2.63}$$

式中，$x=(x_1,0,x_3)$。

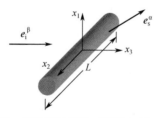

图 2.33　圆柱形缺陷准平面波入射示意图

C 为沿着一个闭合曲线（横截面）进行的逆时针方向的线积分，"3D" 为了强调横通孔为一个三维散射体，但实际上，下面式（2.64）所假设的缺陷散射场是二维的。

在描述一个二维散射问题时，入射波声场和散射体的几何形状都与 x_2 坐标无关。在这种情况下，可以用横通孔的三维远场散射振幅或二维远场散射振幅来表示超声测量模型。此时二维散射体的远场散射振幅 $A_\mathrm{2D}(\omega)$ 与 $A_\mathrm{3D}(\omega)$ 的关系为

$$A_\mathrm{2D}(\omega)=\sqrt{\frac{2\mathrm{i}\pi}{k_{\alpha2}}}\frac{A_\mathrm{3D}(\omega)}{L} \tag{2.64}$$

此时，横通孔的回波信号为

$$V_\mathrm{R}(\omega)=s(\omega)\left[\int_L \hat{V}_0^{(1)}\hat{V}_0^{(2)}\mathrm{d}x_2\right]A_\mathrm{2D}(\omega)\left[\sqrt{\frac{8\mathrm{i}\pi}{k_{\alpha2}}}\frac{\rho_2 c_{\alpha2}}{Z_\mathrm{r}^\mathrm{T}}\right] \tag{2.65}$$

因此，可以用反射体的三维远场散射振幅［式（2.63）］或其二维远场散射振幅［式（2.64）］的对应项之一来表示圆柱形缺陷的超声测量模型。

综上所述，超声检测系统的回波响应可以通过超声测量模型与系统函数、换能器辐射声场和缺陷散射问题联系起来，这样，构建一个完整的超声测量模型来计算缺陷回波响应，就需要获得三个必要条件：①超声检测系统的系统函数；②超声换能器的辐射声场；③缺陷散射场。一旦满足上述条件，超声测量模型就可以成为一个强大而有力的工具，能够准确预测缺陷的回波信号，进而确定缺陷大小和判定缺陷类型，帮助检测工作者理解诸多复杂的试验现象，并在其基础上优化设计检测工艺参数等。

2.3.5　超声相控阵测量模型

2.3.5.1　超声相控阵换能器

超声相控阵换能器是若干压电晶片以一定的形状排列而成的，最终能够达到对超声波的发射和接收的目的。超声相控阵换能器的参数主要包括偏转角（θ）、阵元数（N）、阵元间距（d）及阵元宽度（a）等。根据被检测试件的声学特性与检测的需求选择合适的换能器频率是十分重要的，因为随着频率的提高，分辨率也会提高，但是，其检测的深度会随着频率的提高而有所降低，对于检测大厚度试件是无法使用的，所以在超声检测中的检测频率多选为 1～10MHz。在换能器声场的分布图中一般含有主瓣、旁瓣与栅瓣，主瓣是所需要观测的图像，该图像越清晰，则灵敏度越高；而旁瓣则是与主瓣相并列所产生的伪像，能够分散主瓣的能力，导致主瓣的精确度下降，从而难以判断真伪；栅瓣也是能够产生伪像的，紧贴于主瓣的两侧，可降低主瓣的清晰度。故若要提高图像分辨率，需要提高主瓣，减小旁瓣，抑制栅瓣。

2.3.5.2　超声相控阵换能器的声场

准确地计算超声相控阵换能器的偏转聚焦声场对换能器的设计和检测工艺的优化都具有重要意义。尤其是通过声场计算可以了解换能器在试件中的聚焦能力，指导在实际检测中合理选择超声相控阵换能器。这里，首先应用瑞利积分法来计算无楔块和有楔块检测时的偏转聚焦声束，在后续隔板外环检测中还利用了计算效率更高的高斯声束叠加方法。

（1）单一介质中超声相控阵换能器声场

对于超声相控阵换能器，单个阵元的声场的瑞利积分表达式如下

$$v_n = \frac{-\mathrm{i}\omega\rho v_0(\omega)}{2\pi}\int_S \frac{\mathrm{e}^{\mathrm{i}kr_m}}{r_m}\mathrm{d}S \tag{2.66}$$

式中，r_m 为换能器表面任意一点到介质中任意一点的距离，$v_0(\omega)$ 为换能器表面质点的振动速度，S 为换能器的表面积。

根据惠更斯原理，对于具有 N 个阵元的超声相控阵换能器，辐射的总声场可以通过叠加各个阵元的声场（含相应的延迟时间）来计算，则整个换能器的声场可以表示为

$$v_{\mathrm{array}} = \sum_{n=1}^{N} v_n \mathrm{e}^{\mathrm{i}\omega\tau_n} \tag{2.67}$$

式中，v_n 为第 n 个阵元的声场，τ_n 为该阵元的延迟时间。

可利用上述计算模型，计算超声相控阵换能器在碳钢试件中的偏转聚焦声场。换能器参数：中心频率 $f=5\mathrm{MHz}$，阵元个数 $N=16$，每个阵元长度 $a_1=10\mathrm{mm}$、宽度 $a_2=0.49\mathrm{mm}$，阵元间距 $d=0.1\mathrm{mm}$，焦距 $F=20\mathrm{mm}$，这时的速度场分布如图 2.34 所示。

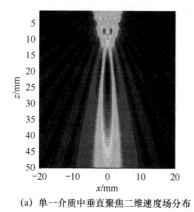
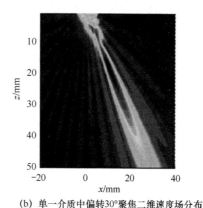

(a) 单一介质中垂直聚焦二维速度场分布 　　　　(b) 单一介质中偏转30°聚焦二维速度场分布

图 2.34　超声相控阵换能器在单一介质中的速度场分布

（2）双层介质中超声相控阵换能器声场

本节应用瑞利积分来计算双层介质中超声相控阵换能器的聚焦声场。点源叠加模型下，各阵元向第二层介质中辐射的质点速度场 v 为

$$v(x,\omega) = \sum \frac{-\mathrm{i}\omega\rho v_0(\omega)}{2\pi} \int_{S_f} \frac{T_{12}\boldsymbol{d}\mathrm{e}^{\mathrm{i}k_1z_1+\mathrm{i}k_2z_2}}{\sqrt{\varphi_1}\sqrt{\varphi_2}} \mathrm{d}S \qquad (2.68)$$

其中

$$\varphi_1 = z_1 + \frac{c_2 z_2}{c_1} \qquad (2.69)$$

$$\varphi_2 = z_1 + \frac{c_2 \cos^2\theta_1 z_2}{c_1 \cos^2\theta_2} \qquad (2.70)$$

式中，$v_0(\omega)$ 为换能器表面的质点振动速度；S_f 为换能器的表面积；$k_m = \dfrac{\omega}{c_m}(m=1,2)$ 为超声波分别在水中和固体中传播的波数，其中 c_m 为相应的波速；$z_m(m=1,2)$ 为超声波遵循斯涅尔定律从振元表面一点传播到固体中某点的声线路径，z_1、z_2 分别是在水、固体两种介质中的距离；T_{12} 为平面声波沿该声线路径的透射系数（基于速度比）；$\boldsymbol{d}$ 为单位矢量，表示质点振动方向的极性。

超声相控阵换能器在双层介质中的辐射总声场的计算公式较为复杂，计算每个阵元的声场后还需要计算阵元相应的延迟时间，进而叠加出整个声场。采用楔块方式对被检测试件进行检测时，声束在有机玻璃楔块与钢中进行传播，利用瑞利积分计算超声相控阵换能器的偏转聚焦声场。换能器参数：中心频率 $f=5\mathrm{MHz}$，阵元个数 $N=16$，每个阵元长度 $a_1=10\mathrm{mm}$、宽度 $a_2=0.49\mathrm{mm}$，阵元间距 $d=0.1\mathrm{mm}$，楔块中的水程为 15mm，在钢中的聚焦深度 $F=20\mathrm{mm}$，有机玻璃–钢双层介质中垂直聚焦与偏转 30° 聚焦的速度场分布如图 2.35 所示。

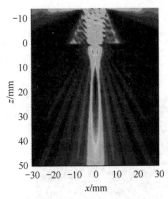
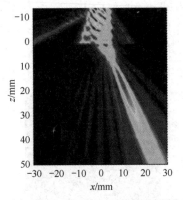

(a) 双层介质中垂直聚焦的速度场分布　　　　　　(b) 双层介质中偏转30°聚焦的速度场分布

图 2.35　超声相控阵换能器在有机玻璃-钢双层介质中的速度场分布

习题 2

1. 请说明活塞源的声场特性。

2. 构建一个完整的超声测量模型来计算缺陷回波响应，需要获得的三个必要条件是什么？

3. 用中心频率为 2.5MHz、晶片直径为 20mm 的探头检测纵波波速为 5900m/s 的试件，其近场长度 N 为多少？

4. 建立三维小缺陷模型 $V_{R}(\omega)=s(\omega)\hat{V}^{(1)}\hat{V}^{(2)}A(\omega)\left[\dfrac{4\pi\rho_2 c_{\alpha 2}}{-\mathrm{i}k_{\alpha 2}Z_{r}^{T}}\right]$ 所用的假设有哪些？

5. 在针对圆柱形缺陷建立超声测量模型时，二维散射体的远场散射振幅 $A_{2D}(\omega)$ 与 $A_{3D}(\omega)$ 的关系是什么？

第3章 射线检测基础

3.1 工业射线检测中的射线

3.1.1 射线检测概述

射线检测利用 X 射线、γ 射线和中子射线易于穿透物质，但在穿透物质过程中受到吸收和散射而衰减的性质，在感光材料上获得与被检测试件内部结构和缺陷相对应的黑度不同的图像，从而检测出试件内部缺陷的种类、大小、分布状况，并做出评价。

相对于其他无损检测技术，射线检测具有以下特点。

① 射线检测对缺陷成像直观，因而对缺陷的尺寸和性质判断比较容易。如用计算机辅助断层扫描可了解缺陷的断面情况，用胶片可长期保存，用图像处理还可使评定分析自动化。

② 由于射线检测是依靠射线穿透物质后衰减程度的不同来进行检测的，因此适用于所有材料，不管是金属材料还是非金属材料。

③ 能有效检测与射线束方向平行的厚度或密度上的明显差异。对平面型缺陷（如裂纹）的检测能力取决于被检测试件是否处于最佳辐射方向；而在所有方向上都可以检测体积型缺陷（如气孔、夹杂等）。

④ 由于可选用不同波长的射线，因此既可检测薄如树叶的钢材，也可检测厚达 500mm 的钢材。

⑤ 射线检测对被检测试件既不破坏也不存在污染，但射线对人体有害，故在检测中必须妥善防护。

⑥ 相对于其他几种无损检测，射线检测的费用较高。

3.1.2 射线的分类

本章重点讨论在工业射线检测中应用的射线。了解各种射线的性质对掌握射线与物质的相互作用过程、射线的衰减规律，从而选择、应用射线检测具有重要意义。

3.1.2.1 按电离性质分类

物理学上的射线也称辐射。按出射线与物质的相互作用所引起的电离情况分类，辐射可分为两类：（致）电离辐射和非（致）电离辐射。任何与物质的相互作用（包括直接作用或间接作用）可引起物质电离的辐射都称为电离辐射，不能引起物质电离的辐射称为非电离辐射。电离辐射包括直接致电离粒子、间接致电离辐射。直接致电离粒子如电子、β 射线、质子、α 射线等带电粒子，间接致电离辐射如 X 射线和 γ 射线，与物质作用时能释放直接致电离粒子或引起原子核变化。非电离辐射包括红外线、微波等，能量较低，不能引起物质的电离。

3.1.2.2　按带电性质分类

按带电性质分类，射线可分为带电粒子和中性辐射。带电粒子又可分为快电子和重带电粒子：快电子包括核衰变中发射的正 β 粒子或负 β 粒子，以及其他过程中产生的具有相当能量的电子；重带电粒子包括质子、核衰变中产生的 α 粒子及其他重带电离子，不仅具有一个或多个原子质量单位，还具有一定能量。

中性辐射又可分为电磁辐射和中子辐射：电磁辐射包括韧致辐射、原子的壳层电子跃迁过程中发射的特征 X 射线和核能级跃迁中发射的 γ 射线；中子辐射通常在自发裂变和核反应中产生。

3.1.3　X 射线

X 射线曾被称为伦琴射线，是德国物理学家伦琴于 1895 年发现的。当时他正在研究阴极射线，偶然发现放在阴极射线管附近的荧光屏上发出了荧光。经查找，其证实是阴极射线管壁发出的新射线使荧光屏发光的，这种新射线就是 X 射线。

X 射线是一种波长很小的电磁波，波长 λ 为 0.001～10nm（1nm=10^{-9}m）。由于 X 射线波长小，能量高，因此对物质有良好的穿透性。图 3.1 所示为电磁波谱图。

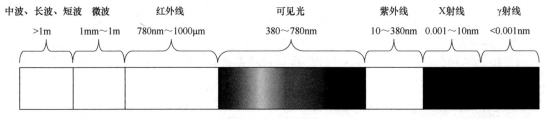

中波、长波、短波	微波	红外线	可见光	紫外线	X射线	γ射线
>1m	1mm～1m	780nm～1000μm	380～780nm	10～380nm	0.001～10nm	<0.001nm

图 3.1　电磁波谱图

用于金属材料检测的 X 射线的波长为 0.005～0.1nm。X 射线的波长越小，X 射线的光子能量越大，穿透能力越强，可以检测越厚、越重的材料。一般称波长小于 0.1nm 的 X 射线为硬 X 射线，波长大于 0.1nm 的 X 射线为软 X 射线。

作为一种电磁波，同可见光等一样，X 射线具有波动和量子的双重特性。描述波动特性的参数有波速 c（$3×10^8$m/s）、波长 λ、频率 ν（$\nu = c/\lambda$）。

当将 X 射线作为量子流时，扫描量子（光子）的特性参数有光子质量 $h\nu/c^2$、动量 $h\nu/c$、能量 $h\nu$。其中，$h \approx 6.626×10^{-34}$J·s 为普朗克常量。光子能量（$h\nu$）是描述 X 射线特性的一个重要参数，常以电子伏（eV）为单位：1 eV $\approx 1.602×10^{-19}$J。

产生 X 射线常用的办法是：在射线管两极高电压的作用下，从阴极发出的电子会加速，高速运动的电子在受到阳极靶的阻遏时将产生韧致辐射，使一部分能量转换成 X 射线，而绝大部分则以热能形式释放出来。伦琴在当年的试验中用高速电子打在阴极射线管的玻璃壁上，从玻璃壁发出 X 射线。图 3.2 所示为 X 射线产生装置的简单示意图。在一个真空管里装有灯丝电极（阴极）和靶（阳极），灯丝通电加热后会发出电子，电子经两极间的高电压（几十千伏至几百千伏或更高）加速后打到阳极上，就能产生 X 射线。

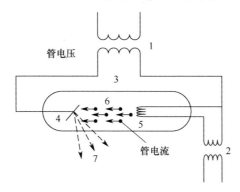

1—高压变压器；2—灯丝变压器；3—X 射线管；4—阳极（靶）；5—阴极（灯丝电极）；6—电子；7—X 射线

图 3.2　X 射线产生装置的简单示意图

3.1.4　γ 射线

3.1.4.1　放射性衰变

核衰变现象是 1896 年贝克勒尔（Becquerel）首先从铀盐中发现的，此后居里夫妇发现了钋和镭，并研究了其放射性，从此开始研究原子核自发衰变。到目前为止，人们已认识了近 2000 种核素，其中绝大多数核素是不稳定的，会自发地放出射线，由一种状态的原子核变为另一种状态的原子核，这种现象称为原子核衰变或放射性衰变。试验发现，天然放射性元素衰变的类型有 α 衰变、β 衰变和 γ 衰变三种。

α 衰变是从原子核中自发地放出 α 射线的过程，α 粒子就是氦原子核，所以 α 射线在磁场或电场中会发生偏转。

β 衰变是从原子核中自发地放出 β 射线的过程，β 射线就是高能电子流，在磁场或电场中也会发生偏转，但偏转方向与 α 射线相反。

γ 衰变（或 γ 跃迁）是原子核从激发态自动跃迁到较低能态时放出 γ 射线的过程，γ 射线就是高能光子流，在磁场或电场中不发生偏转。

3.1.4.2　γ 射线概述

1897 年，卢瑟福发现，铀放出的射线由两种成分组成：一种是易被吸收的射线，称为 α 射线；另一种是穿透性强的射线，称为 β 射线。同时他还根据试验预言，可能存在一种穿透能力更强的射线，这就是后来发现的并由他命名的 γ 射线。1900 年，法国科学家 P. U. 维拉德（Paul Ulrich Villard）将含镭的氯化钡通过阴极射线，从照片记录上看到辐射穿过 0.2mm 的铅箔，至此发现 γ 射线。

γ 射线是一种比 X 射线波长更小的电磁波，与 X 射线一样能穿透物质，使胶片感光，使气体电离或杀死生物细胞等。其除可应用于材料、产品的工业射线检测外，还可应用于许多领域，如活化分析、计量、医学诊断与治疗等。

γ射线是放射性同位素经过α衰变或β-衰变后，在激发态向稳定态过渡的过程中从原子核内放出的。X射线与γ射线从本质和性质上讲没有区别，只是产生方式有所不同：X射线通过高速电子轰击金属物质原子而产生，因此其强度和能量都能控制与调节；γ射线则与X射线完全不同，其是放射性原子核在衰变之后放出来的，因此γ射线的能量和强度是无法通过仪器设备进行控制和调节的。

3.1.5　X射线与γ射线在无损检测应用中的比较

3.1.5.1　X射线与γ射线的性质

X射线与γ射线的性质有：

① 不可见，在真空中以光速直线传播，本身不带电，不受电场和磁场的影响；

② 具有波粒二象性；

③ 在媒质界面上只能发生漫反射，而不能像可见光那样发生镜面反射；

④ X射线、γ射线的折射系数非常接近1，所以折射方向改变不明显；

⑤ 可以发生干涉和衍射现象，但只能在非常小的光栅（如晶体组成的光栅）中发生；

⑥ 在穿透物质的过程中，会与物质发生复杂的物理作用和化学作用，如电离作用、荧光作用、热作用及光化作用等；

⑦ 具有可穿透物质和在物质中衰减的特性；

⑧ 具有辐射生物效应，能够杀伤生物细胞、破坏生物组织。

工业无损检测应用X射线、γ射线进行探伤，主要应用以上第①～⑦条性质，第⑧条性质是在使用X射线、γ射线进行探伤时需要防护的依据。

3.1.5.2　X射线与γ射线的对比

X射线与γ射线在无损检测应用中的比较如下。

① X射线和γ射线的产生机理不同。X射线是由高速运动的电子被阻遏时的跃迁产生的，γ射线是由放射性同位素在自发衰变时原子核能级之间的跃迁产生的。

② X射线可通过调节管电压、管电流来调节射线的能量与透照厚度；而γ射线的能量只取决于源的种类，对于同种源来讲射线能量和穿透能力一般是固定的。

③ 与X射线相比，γ射线的波长更小，穿透能力更强。但是物质对γ射线的吸收要比X射线弱，所以用γ射线拍出的底片的对比度小。

④ γ射线源的焦点就是放射性同位素的几何尺寸，所以其焦点通常比X射线机的焦点大，得到底片的几何不清晰度较高。

⑤ γ射线源发出的射线在整个空间中都有，而X射线机，即使是周向机也只在一个环周上有射线。所以对于大型容器，尤其是球形容器，γ射线可以一次透照整个容器，在这

种情况下，其效率比 X 射线机的效率高。

⑥ X 射线机受电力支配，而 γ 射线源无须电源，无须冷却，所以对于缺少电源、自来水的现场工地，γ 射线比 X 射线更加方便，更因为 γ 射线源比一般 X 射线机小巧，所以对一些形状特殊的试件，用 γ 射线探伤可显示出其更好的优越性。

⑦ γ 射线设备不能随意关闭，与 X 射线机相比，在安全因素上对环境污染与操作方面、防护与管理上的要求也更高。

⑧ γ 射线照相得到的射线底片的灵敏度和清晰度都远不及 X 射线照相，所以现在常规使用的仍然是 X 射线照相。

3.1.6　中子射线

中子是构成原子核的基本粒子，中子射线是由某些物质的原子在裂变过程中逸出的高速中子产生的。中子射线不是电磁波，具有巨大的速度和强穿透能力，与 X 射线和 γ 射线相比有很大的不同之处。通过前几节的介绍可知，X 射线由 X 射线机产生，γ 射线由放射性原子核产生，中子则通过原子核反应产生。中子源通常有以下几种。

① 放射性中子。放射性中子源是利用放射性核素衰变时放出的一定能量的射线轰击某些靶物质，发生核反应而放出中子的装置。由于激发的射线不一样，其又分成 α 放射性中子源、光中子源和自发裂变中子源。

② 加速器中子。加速器中子源利用各种带电粒子的加速器加速某些粒子，如质子和氘等，用其轰击物质的原子核并产生中子。这种中子源的特点是可以在较广阔的能区获得单能中子。

③ 反应堆中子源。反应堆中子源利用重核裂变，在反应堆内形成链式反应，不断地产生大量的中子。这种中子源的特点是中子通量大，谱形比较复杂。反应堆中子源的强度用每秒进入某一截面单位面积上的中子数来表示，称为中子通量。反应堆中子源是强度较大的一种中子源，应用于中子照相检测技术，优点是照相速度快、质量好；缺点是不可移动，运行技术较为复杂，需要较高的建造、运行和维修费用。反应堆中子源是目前中子射线照相装置中应用最广泛的一种中子源。

④ 中子管中子源。中子管中子源属于加速器中子源的另一种形式。中子管中子源结构紧凑、体积小、便于携带、使用方便，已成为一种很实用的中子源。

3.2　X 射线的物理特性

3.2.1　X 射线的波动性和粒子性

X 射线是一种电磁波，与无线电波、可见光和 γ 射线等无本质上的区别，只是波长不同。X 射线在传播过程中发生的干涉、衍射现象突出地表现了波动性，即 X 射线具有一定的波长 λ 和频率 ν。同时，X 射线在空间传播时也具有粒子性，即 X 射线是由大量以光速运动的光子组成的。在 X 射线与物质相互作用交换能量时，就突出地表现了粒子性。

3.2.2　X 射线的产生及技术参数

X 射线是在电场中被加速的高速电子撞击到高原子序数材料的靶上，由于电子急速减速而辐射的电磁波（韧致辐射）。

图 3.3 是一种金属陶瓷 X 射线管，阴极是产生热电子的钨丝，钨丝装在一个电子聚焦杯中，使电子在 X 射线管的高压电场作用下形成一个良好的线束，打击到阳极的靶上。靶的材料一般为钨，其基座为高导热材料（如铜）并以循环的油或空气对靶冷却。由于高速电子束的能量只有百分之几转换成射线能量，大部分变成靶的热能，因此对靶进行冷却是十分必要的。阴极、阳极封装在电真空壳体之中。

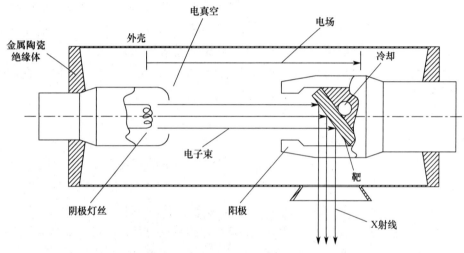

图 3.3　X 射线管结构图

X 射线管的主要技术参数如下。

① 管电压。管电压是加在 X 射线管的阴极、阳极之间的高压，提供使灯丝电子加速的电场，决定了打靶的电子速度 v 和产生射线光子的最大能量（对应最小波长）$\lambda_{\min}$，所以管电压高，产生射线光子的能量也高。

② 管电流。管电流是指打到靶上的电子流，决定了打靶的电子数，进而决定了靶辐射的光子数。由于 X 射线管功率一定，因此管电流随管电压的增大而减小。

③ 射线焦点尺寸。射线成像基于点光源照射的投影影像，并非光学成像，因此从射线出射方向观察，靶上辐射的射线焦点尺寸越小，影像越清晰，故射线焦点尺寸是一个重要的参数，如图 3.4 所示。

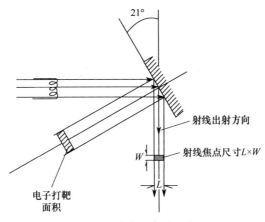

图 3.4　射线焦点产生示意图

3.2.3　X 射线谱

X 射线谱是描述 X 射线强度 I 与波长 λ 的关系曲线，由两部分构成：连续谱和标识谱（或称特征谱）。连续谱由波长连续变化的谱线构成，由电子的动能直接转换而来。标识谱由谱线分立的线状谱线构成，分立谱线所构成的 X 射线称为特征 X 射线，由电子的动能间接转换而来。

对于确定的阳极材料，当外加电压小于某一限度，即加速电子的动能小于某个数值时，阳极上只发射连续的 X 射线，其强度随波长连续变化；当外加电压超过某一限度，即加速电子的动能超过某一数值时，会在连续谱线的背景上叠加一些细锐的线状谱线，这种谱线可表征阳极材料的特征，故称标识谱。阳极材料不同，产生线状谱线所需的外加电压也不同。

图 3.5（a）所示为外加电压 $U=50\text{kV}$ 和 $U=20\text{kV}$ 时，阳极材料为钨的 X 射线谱，图 3.5（b）所示为外加电压 $U=35\text{kV}$ 时，阳极材料为钼的 X 射线谱。图中，K_α、K_β 为波长最短的 K 线系的谱线。对比可见，钨只有连续谱，而钼则在连续谱的基础上叠加两条标识谱。为得到钨的标识谱，需要将外加电压增至 70kV 以上。下面分别讨论连续谱和标识谱的一些特点。

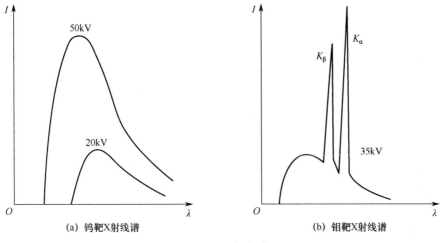

图 3.5　X 射线谱

3.2.3.1　X射线的连续谱

具有连续波长的 X 射线强度随波长连续变化的曲线为 X 射线的连续谱。连续谱的一个显著特点是在不同管电压下的连续谱的短波端都有一个突然截止的极限波长 λ_{SWL}，称为短波限，短波限只与 X 射线管的外加电压有关，而与电流强度及阳极靶材无关。

用量子理论很容易解释短波限 λ_{SWL} 的问题，即如果在外加电压 U 的作用下，击靶时电子的最大动能是 eU，极限情况是电子在一次碰撞中将全部能量转换为一个光子 $E = eU = h\nu_{max} = \dfrac{hc}{\lambda_{SWL}}$，这个具有最高能量的光子的波长就是短波限 $\lambda_{SWL} = \dfrac{hc}{eU}$，其中，$e$ 是电子电荷，h 是普朗克常量，c 是真空中的光速。

图 3.6 所示的 3 幅图分别分析了管电压、管电流和阳极靶原子序数对 X 射线连续谱的影响。从图 3.6（a）可以看出，当管电压升高（管电流、阳极靶原子序数不变）时，各波长的 X 射线强度增大，短波限 λ_{SWL} 和强度最大值对应的波长 λ_m 减小；从图 3.6（b）可以看出，当管电流增大（管电压、阳极靶原子序数不变）时，各波长的 X 射线强度增大，短波限 λ_{SWL} 和强度最大值对应的波长 λ_m 不变；从图 3.6（c）可以看出，当阳极靶原子序数增大（管电压、管电流不变）时，各波长的 X 射线强度增大，短波限 λ_{SWL} 和强度最大值对应的波长 λ_m 不变。连续谱中强度最大值对应的波长 λ_m 与短波限 λ_{SWL} 之间有如下近似关系：$\lambda_m = \dfrac{3}{2}\lambda_{SWL}$。

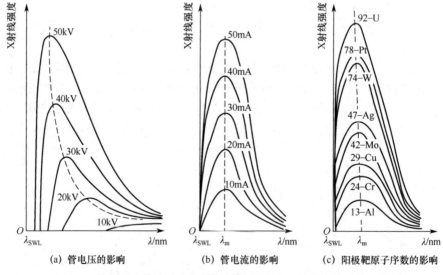

图 3.6　管电压、管电流和阳极靶原子序数对 X 射线连续谱的影响

3.2.3.2　连续谱的 X 射线强度

连续谱的 X 射线强度 I 与管电流 i、管电压 U、阳极靶原子序数 Z 存在如下关系：$I = \alpha iZU^2$，其中，$\alpha = 1.1\times10^{-9} \sim 1.4\times10^{-9}$ 为常数。此式说明，连续谱的 X 射线强度与管电流 i、阳极靶原子序数 Z 及管电压 U 的平方成正比。管电压增大时，虽然电子数目未变，

但是每个电子所获得的能量增大，到达阳极靶的电子增多，电子与阳极靶碰撞发生的能量转换量增大，同时短波成分射线增加，X 射线强度相应增强。同样，管电流越大，表明单位时间从阴极发射并到达阳极靶、撞击阳极靶的电子越多，发射的光子越多，X 射线强度越高。由电动力学可知，带电粒子加速运动产生的辐射与原子序数的平方成正比，与带电粒子质量的平方成反比，所以原子序数越大，核库仑场越强，轫致辐射作用越强。阳极靶一般采用高原子序数的钨制作，并且电子质量小，所以射线机采用热阴极发射电子的方式撞击阳极靶，以获得较强的 X 射线。要产生强的连续谱辐射，就要用重金属作为阳极靶，并提高管电压，同时减小管电流，因为 X 射线管的功率 iU 是恒定值。

X 射线管工作时需要有电源供电，纯直流电源单位时间内供给 X 射线管的能量为 iU，所以 X 射线管的能量转换效率为 $\eta = \dfrac{\alpha i Z U^2}{iU} = \alpha Z U$。X 射线管的能量转换效率不高，其大部分能量以热能形式被耗散。要提高 X 射线管发射 X 射线的效率，就要选用重金属阳极靶并施以高电压。

3.2.3.3　X 射线的标识谱

当 X 射线管的管电压超过一定值时，会在某些特定的波长出现强度很高、非常狭窄的谱线叠加在连续谱上的现象。改变管电流、管电压，这些谱线只改变强度，而波长固定不变。这样的谱线称为 X 射线特征谱或者 X 射线的标识谱，如图 3.7 所示。

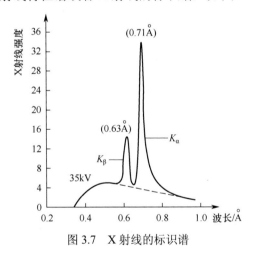

图 3.7　X 射线的标识谱

X 射线的标识谱的产生只依赖阳极靶材，与管电压和管电流无关。各元素的 X 射线标识谱有相似的结构，但各元素的特征 X 射线的能量（或波长）各不相同。每条谱线都有特定的波长，电子撞击的物质不同，这些特定波长的值也不同。X 射线标识谱只与阳极靶材元素有关，不同元素制成的阳极靶具有不同的线状谱。X 射线标识谱也被用作作为元素的标识。

人们正利用了 X 射线标识谱的这一特征，将其广泛应用于 X 射线光谱分析上，以进行物质化学成分的定性或定量测定及用于晶体的结构分析。标识谱的 X 射线强度虽然很大，但是标识谱是线谱，即波长范围很窄，所以标识谱的 X 射线总强度较小，故在 X 射线检测中没有应用。

3.3　X射线与物质的作用及其衰减

　　X射线在穿透物质的过程中与物质发生相互作用，主要有4种效应：光电效应、电子对效应、康普顿效应和瑞利散射。在这些效应的共同作用下，X射线在穿透物质时，能量减小，究其原因是物质对X射线存在吸收与散射。X射线被吸收时，其能量转换为其他形式，如热能。散射则使X射线的传播方向发生改变。射线成像是射线透照试件物质，引起射线强度衰减而形成的一种影像。基于这种影像，若要实现对试件物质的不连续性及内部结构形态的精细诊断，必须要求影像有足够高的对比度和分辨率。为此，需要研究射线与物质的作用，及其强度衰减的物理过程。本章重点讨论X射线与物质的相互作用及其衰减规律。

3.3.1　X射线与物质的作用

　　本节重点讨论当X射线光子撞击物质原子时产生的物理效应，这些效应包括光电效应、电子对效应、康普顿效应和瑞利散射。

3.3.1.1　光电效应

　　低能光子射入物质时，将与物质原子中的电子发生碰撞。在光电碰撞的过程中，入射光子的全部能量传递给原子某轨道上的电子，获得能量的电子克服原子核的束缚，从轨道上跃迁成为自由电子，释放的自由电子称为光电子，这种过程称为射线的光电效应，如图3.8所示，图中，E_e为出射光电子的动能，E_b为电子的结合能。

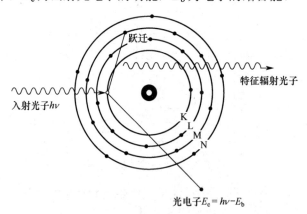

图3.8　光电效应示意图

　　光电效应的特征如下：光电效应只能发生在入射光子与轨道电子的相互作用过程中，不能发生在入射光子与自由电子的相互作用过程中。电子在原子中被束缚得越紧，就越容易使电子参与相互作用过程，发生光电效应的概率就越大。发生光电效应的概率与入射光子的能量和物质的原子序数有关：原子序数越大，发生光电效应的概率越大；入射光子的能量越大，发生光电效应的概率越小。因此，在低能量射线光子与高原子序数物质发生相互作用时，光电效应具有重要意义。光电效应发生过程中常伴随特征X射线或俄歇电子的发射。

3.3.1.2 电子对效应

能量不低于 1.02MeV 的光子入射到物质时，与物质中的原子核发生相互作用，光子放出全部能量，转换为一对正电子、负电子，这就是电子对效应。之所以入射光子的能量要不低于 1.02MeV，是因为电子的静止质量相当于 0.51MeV 的能量，即一对电子的静止质量相当于 1.02MeV 的能量，根据能量守恒定律，只有入射光子的能量不低于 1.02MeV 时，才能转换为一对正电子、负电子，多余的能量将转换为电子的动能。电子对效应产生的快速正电子、负电子在物质中通过电离损失和辐射损失而消耗能量，在物质内很快慢化，变慢的正电子和负电子相互作用，最终发生湮没辐射，转换为一对光子。根据动量守恒定律，正电子、负电子湮没后产生的光子数至少为两个。这两个光子的动量大小相等、方向相反，并且发射方向是各向同性的，每个光子的能量都等于 0.51MeV，如图 3.9 所示。

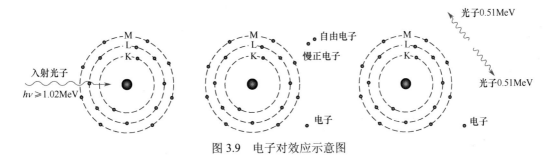

图 3.9 电子对效应示意图

电子对效应的特征如下：电子对效应发生的可能性与物质原子序数的平方成正比，与光子能量的对数近似成正比。因此，在光子能量较高、原子序数较大时，电子对效应显得非常重要。

3.3.1.3 康普顿效应

康普顿效应也称康普顿-吴有训效应，是康普顿（A. H. Compton）和我国物理学家吴有训等发现的。在入射光子与受原子核束缚的外层电子或自由电子发生碰撞的过程中，一部分能量传递给电子，使电子从电子轨道飞出，这种电子称为反冲电子；同时，入射光子的能量减小，成为散射光子，并偏离入射光子的传播方向，如图 3.10 所示。

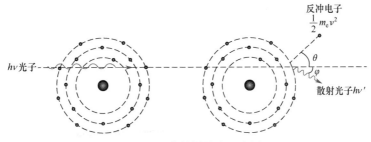

图 3.10 康普顿效应示意图

康普顿效应的特征如下：反冲电子和散射光子的运动方向都与入射光子的能量相关，随着入射光子能量的增大，反冲电子和散射光子的偏离角都减小。康普顿效应产生的概率与入射光子的能量成反比，与物质的原子序数成正比。

3.3.1.4　瑞利散射

瑞利散射是入射光子与原子内层轨道电子作用的散射过程，在这个过程中，一个束缚电子吸收光子后跃迁到更高能级，随即又跃迁回来，释放一个能量约等于入射光子能量的散射光子，光子能量的损失可以不计，因此可以认为其是入射光子与原子发生的弹性碰撞过程。

瑞利散射的特征如下：瑞利散射发生的可能性与物质的原子序数和入射光子的能量有关，即与原子序数的平方近似成反比，随着入射光子能量的增大而急剧减小。在入射光子能量较低（如 0.5～200keV）时必须注意瑞利散射。

3.3.1.5　各种效应的比较

对于不同能量的入射光子，4 种效应对总吸收作用的贡献是不一样的。光电效应截面 τ、康普顿效应截面 σ、电子对效应截面 κ 和瑞利散射截面都与作用物质的原子序数 Z 及入射光子的能量 E 有关。图 3.11 所示为主要相互作用与入射光子能量及作用物质的原子序数之间的关系，σ、τ、κ 分别为康普顿效应截面的大小、光电效应截面的大小、电子对效应截面的大小，两条曲线分别表示 $\sigma = \tau$ 和 $\sigma = \kappa$ 时的原子序数与入射光子能量之间的关系。可见，对于低能量光子和原子序数大的作用物质，光电效应占优势；对于中等能量的光子和原子序数小的作用物质，康普顿效应占优势；而对于能量为 1～4MeV 的光子，康普顿效应占优势，与作用物质的原子序数几乎无关；对于高能量光子和原子序数大的作用物质，电子对效应占优势。

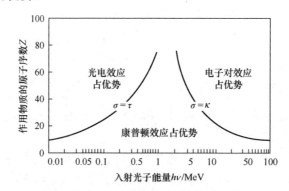

图 3.11　主要相互作用与入射光子能量及作用物质的原子序数之间的关系

3.3.2　物质对 X 射线的衰减

X 射线穿透物质后，沿原来入射方向的 X 射线强度会逐渐减小，这种现象称为 X 射线的衰减。其原因是如果 X 射线与物质中的原子发生光电效应、康普顿效应、电子对效应、瑞利散射中的任何一种作用，将使原来能量为 $h\nu$ 的光子消失，或改变能量并偏离原来的入射方向而散射。衰减过程的特点是 X 射线穿透物质时，强度按指数规律减小，沿入射方向透过的光子的能量不变。

光子与物质发生相互作用：①入射光子的一部分能量转移到能量或方向发生变化的光子（散射，康普顿效应、瑞利散射）；②入射光子的一部分能量转移到与之发生作用或产生的电子（吸收，光电效应、电子对效应）。散射和吸收的共同作用导致 X 射线在穿透物质时的强度减小。

3.3.2.1 基本概念

经过入射射线与物质的相互作用，在出射的射线中有一次射线（及直接透射的射线）、散射线（康普顿散射线、瑞利散射线、荧光辐射线等）和电子（光电子、反冲电子、俄歇电子等）。入射到物质的射线，由于一部分能量被吸收，另一部分能量被散射而减弱，因此其强度发生衰减。通过对透过的射线强度进行记录与分析，可以得到物质的一些结构信息。

按照射线的能量分类，可将射线分为单色射线和连续谱射线（多色射线）。

单色射线：射线的能量是单一的，即射线只含一种能量（波长）的光子，如特征 X 射线。

连续谱射线（多色射线）：射线中含有不同能量的光子，即射线的波长为一个波段，工业 X 射线发生器产生的都是多色射线。

根据透射射线中包含的射线种类，透射束分为窄束射线和宽束射线。

窄束射线：若到达检测器（或胶片）的射线中只有一次射线，则称为窄束射线。

宽束射线：若到达检测器（或胶片）的射线中除了一次射线，还含有散射线，则称为宽束射线。

3.3.2.2 单色窄束射线的衰减

单色窄束射线是指射线光子的波长是单一的且经过准直处理的平行束射线，到达检测器的射线只有一次透射射线，无散射线。

设 I_0 为入射前的强度，I 为穿透厚度为 t 的物质后的强度，I_x 为穿透到深度 x 处的强度，$\mathrm{d}I_x$ 为继续穿透厚度为 $\mathrm{d}x$ 薄层后的强度改变量，示意图如图 3.12 所示。假定穿透此薄层的强度变化率与穿透厚度成正比，即 $\dfrac{\mathrm{d}I_x}{I_x} = -\mu_1 \mathrm{d}x$，其中，负号表示能量是衰减的，$\mu_1$ 称为线吸收系数。对上式进行积分得到 $I = I_0 \mathrm{e}^{-\mu_1 t}$，具体积分过程如式（3.1）所示，该式已被试验证实，称为射线衰减定律

$$
\begin{aligned}
&\int_{I_0}^{I} \frac{\mathrm{d}I_x}{I_x} = -\int_{0}^{t} \mu_1 \mathrm{d}x \\
&\Rightarrow \ln I_x \Big|_{I_0}^{I} = -\mu_1 x \Big|_{0}^{t} \\
&\Rightarrow \ln I - \ln I_0 = -\mu_1 t \\
&\Rightarrow \ln \frac{I}{I_0} = -\mu_1 t \\
&\Rightarrow \frac{I}{I_0} = \mathrm{e}^{-\mu_1 t} \\
&\Rightarrow I = I_0 \mathrm{e}^{-\mu_1 t}
\end{aligned}
\tag{3.1}
$$

为了描述非均匀物质的吸收性质，将物质的密度引入吸收系数的概念中，提出了质量吸收系数的概念：$\mu_m = \mu_1 / \rho$，其中 ρ 是物质的密度，其描述的是物质空间分布的一个宏观物理量，该物理量的引入消除了物质在空间的起伏因素。进而可得到 $I = I_0 \mathrm{e}^{-\mu_m \rho t}$，令 $m = \rho t$，

则 $I = I_0 \mathrm{e}^{-\mu_m m}$ ， m 表示的是单位面积、厚度为 t 的体积中物质的质量。

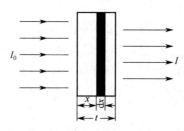

图 3.12　单色窄束射线穿透物质示意图

μ_m 是 X 射线穿透单位面积上单位质量的物质后，强度的相对衰减量。显然，质量吸收系数摆脱了密度的影响，是反映物质本身对 X 射线吸收性质的物理量。

无论是线吸收系数还是质量吸收系数，其所描述的仅仅是一种物质对 X 射线的吸收性质，若物质为多元化合物、固溶体或混合物，则这类物质对 X 射线的质量吸收系数就是物质中各组元的质量吸收系数的加权平均，权重因子为各组元的质量分数 w_i ，该物质的质量吸收系数就可以写为 $\overline{\mu_m} = \sum_{i=1}^{n} \mu_{mi} w_i$ 。

在实际应用中，常用半厚度（也称半值层或半价层）来描述物质对一定能量射线的衰减程度。半厚度是指入射射线的强度减小为原来的 1/2 时的样品厚度，记为 T_h ，有

$$I = I_0 \mathrm{e}^{-\mu_1 T_\mathrm{h}} = I_0 / 2$$
$$\Rightarrow T_\mathrm{h} = \ln 2 / \mu_1 \approx 0.693 / \mu_1 \tag{3.2}$$

大量的试验证明，质量吸收系数基本上与被吸收 X 射线波长的 3 次方和物质原子序数的 3 次方成正比： $\mu_m \approx k \lambda^3 Z^3$ 。该式表明物质的原子序数越大，对 X 射线的吸收越强；对于一定的物质，X 射线的波长越小，穿透能力越强，表现为质量吸收系数越小。

3.3.2.3　宽束射线的衰减

射线照相检测中使用的 X 射线是连续谱 X 射线，因此连续谱 X 射线的衰减规律在射线检测中占据很重要的地位。当不同能量的 X 射线穿过同样厚度的物质时，受到的衰减并不相同，因此连续谱 X 射线的衰减规律相当复杂。为了简化连续谱 X 射线的衰减规律，引入等效波长进行近似的分析、计算：等效波长对应的 X 射线的半厚度与连续谱 X 射线的半厚度相同。

假设透射束中一次射线的强度为 I_D ，散射射线的强度为 I_S ，则透射束的总强度 I 为 $I = I_\mathrm{D} + I_\mathrm{S}$ 。根据前述单色窄束射线的讨论，可知 I_D 为 $I_\mathrm{D} = I_0 \mathrm{e}^{-\mu_1 T}$ ，关于散射线，常引入散射比 $n = I_\mathrm{S} / I_\mathrm{D}$ ，故 $I_\mathrm{S} = n I_0 \mathrm{e}^{-\mu_1 T}$ ，进而 $I = I_\mathrm{D} + I_\mathrm{S} = (1 + n) I_0 \mathrm{e}^{-\mu_1 T}$ 。显然，对于同一个入射的连续谱 X 射线，穿透的厚度不同，则对应的透射射线的等效波长也不同。随着穿透物质厚度的增大，连续谱 X 射线的透射射线的等效能量（等效波长）与入射射线相比将发生硬化，即等效能量增大（或者说等效波长减小）。宽束连续谱射线穿过一定厚度的物质，线吸收系数随射线穿透物质厚度的增大而不断减小，即射线不断硬化；当厚度达到一定值时，线吸收系数近似为一定值，也就是说，此时可以近似认为连续谱 X 射线是单色射线。

习题 3

1. 简述产生 X 射线的基本条件。

2. 简述 γ 射线的产生过程。

3. 简述管电压、管电流和阳极靶原子序数对 X 射线连续谱的影响。

4. 如何提高 X 射线管发射 X 射线的效率?

5. 当 X 射线、γ 射线入射到物质时，将发生射线与原子束缚的核外电子、射线与自由电子及射线与原子核的相互作用，从而导致一部分射线被物质吸收，另一部分射线被散射，最终导致穿透物质的射线强度减小。这些相互作用产生的现象主要有哪些?

第4章 射线照相检测技术

4.1 X射线照相检测技术及探测器

射线检测技术已经被广泛应用于人们生产和生活的各个方面，在国民经济发展过程中扮演着越来越重要的角色。其中，以工业胶片为探测器而成像的射线照相检测技术由于原理简单、操作灵活，作为最早发明并使用的一种射线检测技术在航空航天、军工、核能、石油、电子和机械等领域的产品检测与质量控制中发挥了重要作用。射线照相检测技术的主要优点如下。

① 几乎适用于所有材料的检测，对材料、试件的形状和表面粗糙度无特别要求。

② 几乎不存在检测厚度下限，对薄如纸片的试件也能检测其质量。

③ 容易检出焊接件、铸件产品或试件的内部体积型缺陷，如铸件或焊缝的气孔、夹杂和疏松等。

④ 能直观地显示缺陷影像，通过观察底片，可以比较准确地对缺陷进行定性、定量和定位分析。

⑤ 采用射线底片作为记录介质，可以长期保存。

射线照相检测技术也存在局限性：一般不适用于钢板、钢管及锻件的检测；难以检测垂直于射线透照方向的薄层缺陷，如分层；由于射线在穿透物质时会出现能量衰减，并且衰减随着厚度的增大而加剧，故能够检测的最大厚度会受到限制；射线照相检测成本较高，检测速度较慢；射线对人体有害，需做特殊防护。

4.1.1 X射线照相检测原理

射线在穿透物质过程中会与物质发生相互作用，因吸收和散射而使射线强度减弱。强度衰减程度取决于物质的线吸收系数和射线在物质中穿透的厚度。如果被检测试件的局部存在缺陷，且构成缺陷的物质的线吸收系数不同于试件，该局部区域的透过射线强度就会与周围产生差异。把胶片放在适当位置使其在透过射线的作用下感光，经暗室处理后得到底片。底片上各点的黑化程度取决于射线曝光量，由于透过缺陷部位和无缺陷部位的射线强度不同，底片上相应部位就会出现黑度差异。把底片放在观片灯光屏上借助透过的光线，可以看到不同形状的影像，评片人员据此判断缺陷情况并评价试件质量。射线照相检测的主要优点是：能得到被检测试件内部状况的二维图像，根据这一图像可以直观地分析试件内部的缺陷和组织结构。试件二维图像的形成原因主要是X射线穿透试件后强度发生衰减。但在底片上所呈现的图像与试件内部的实际结构并不完全相同，受焦点、焦距和缺陷位置等因素的影响，在底片上的图像有可能发生放大、畸变、重叠等情况。因此要从图像上客观地分析试件内部的真实情况，必须了解射线照相检测的成像原理。

4.1.1.1　X 射线照相检测成像原理

X 射线的强度衰减公式为

$$I = I_0 e^{-\mu T} = I_0 e^{-k\rho Z^3 \lambda^3 T} \tag{4.1}$$

式中，ρ 为物质的密度，Z 为物质的原子序数，λ 为入射 X 射线的波长，T 为物质的厚度，k 为系数。显然，在 X 射线管的电压确定后，k 和 λ 都是常数，因此穿透物质后的射线强度 I 与 T、Z 和 ρ 有关。图 4.1 所示为强度衰减成像原理示意图，该图的上部为被透照试件的剖面，中部为穿透被检测试件各部分后的射线强度 I（或底片黑度 D）的分布，下部为底片上的图像。

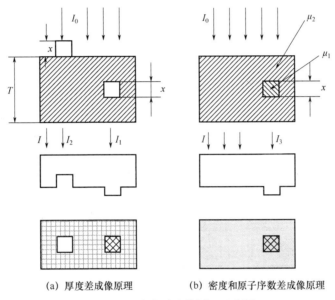

(a) 厚度差成像原理　　　　　(b) 密度和原子序数差成像原理

图 4.1　强度衰减成像原理示意图

图 4.1（a）所示为厚度差成像原理，试件上有一个厚度为 x 的凸台，试件内有一个厚度为 x 的空气泡，穿透空气泡和凸台的射线强度分别为 I_1 和 I_2，$I_1 = I_0 e^{-k\rho Z^3 \lambda^3 (T-x)}$，$I_2 = I_0 e^{-k\rho Z^3 \lambda^3 (T+x)}$。

如果被透照试件的密度和成分是均匀的，而且管电压恒定不变，那么 I_1 和 I_2 完全取决于厚度的变化，有 $I_1 > I > I_2$。

因此在 X 射线底片上，凸台处的黑度比厚度为 T 的基体处的黑度小，而空气泡处的黑度则比基体处的黑度大。铸件或焊接件内部的气孔、裂纹类缺陷的内部都是空气，因此在底片上呈现出较大的黑度，其影像可以清晰地显示出来。图 4.1（b）所示为密度和原子序数差成像原理，在密度和原子序数分别为 ρ_2、Z_2 的试件内，有一深度为 x，密度和原子序数分别为 ρ_1、Z_1 的夹杂物，穿透夹杂物的射线强度 $I_3 = I_0 e^{-k\rho_1 Z_1^3 \lambda^3 x - k\rho_2 Z_2^3 \lambda^3 (T-x)}$，而 $I = I_0 e^{-k\rho_2 Z_2^3 \lambda^3 T}$，比较 I_3 和 I 的大小，则有 $\dfrac{I_3}{I} = e^{k\lambda^3 (\rho_2 Z_2^3 - \rho_1 Z_1^3) x}$。

在钢焊缝中经常产生金属夹杂和非金属夹杂，如钨夹杂和熔渣。由于非金属熔渣（夹杂）的主要成分的原子序数和密度都小于基体金属，因此会在 X 射线底片上形成黑点或长条形不规则黑线；由于钨的原子序数和密度都大于基体金属，因此会在 X 射线底片上形成白点。

4.1.1.2 几何投影成像原理

被检测试件具有三维立体的结构，但当 X 射线穿透这一试件时，在底片上留下的是二维的平面影像。这个影像实质上是试件在 X 射线方向上的全部投影的集合。由于几何投影的固有特性，这种二维影像难以完全、精确地反映出试件内部宏观缺陷或微观组织的真实形状和大小。

具体来说，几何投影成像的形状和大小可能受到多种因素的影响，包括影像的放大、畸变、重叠、半影及穿透厚度差等。

（1）影像的放大

射线源辐射的 X 射线束呈圆锥状，所以缺陷投影后的影像常常被放大了，放大的程度视缺陷在试件内的位置而定，图 4.2 所示为影像放大示意图。

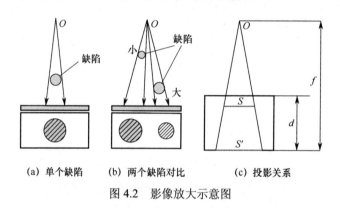

(a) 单个缺陷   (b) 两个缺陷对比   (c) 投影关系

图 4.2   影像放大示意图

缺陷与射线源的距离不同，有可能造成以下不同后果：在底片上显示为大影像的缺陷的实际尺寸小于在底片上显示为小影像的缺陷的实际尺寸，如图 4.2（b）所示。通常，放大倍数大的影像的边界模糊，且黑度较小；而放大倍数小的影像的边界清晰，黑度较大。按图 4.2（c）的投影关系，可以根据被放大了的影像长度 S' 计算缺陷的最小尺寸。其中，f 为焦点至胶片的距离，d 为被检测试件的厚度，S 为缺陷的实际尺寸。由图可知，产生 S' 的缺陷必定位于射线束与试件相交的圆台内，其实际尺寸必定在 S_{min}（缺陷位于试件的上表面）至 S'（缺陷在试件的底面）范围内。进行缺陷判断时，如果 S' 的值恰好在合格值与不合格值的界线上，或者略大于不合格值，那么此时有必要计算 S_{min} 或 S，根据计算结果做出正确的评定。S_{min} 可按 $S_{min} = KS'$，$K = 1 - \dfrac{1}{f}d$ 计算。K 是与焦距 f、试件厚度 d 有关的系数，其倒数为影像的放大倍数。

（2）影像的畸变

如果得到的影像的形状与试件在投影方向截面的形状不相似，则称影像发生了畸变。

产生这种情况的原因是试件截面上不同的部分在接收平面上形成影像时产生的放大效果不同。在实际检测中,影像畸变主要是由投影射线的横截面与接收平面不平行造成的。此外,当接收平面不是平面(胶片弯曲)时,也会引起或加剧畸变。图 4.3 所示为球形气孔透照时影像的放大与畸变。裂纹影像有时会畸变为一个有一定宽度的、黑度不大的暗带。当平板试件或环形试件内的缺陷与中心射线束的距离较大时,所得影像将发生明显的畸变。影像畸变对检测结果的正确判定的影响很大,必要时应当改变射线源与试件的相对位置并重新检测,使缺陷位于中心射线束下,这样可以减少甚至避免影像的畸变。

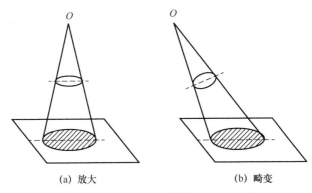

(a) 放大　　　　　　　　(b) 畸变

图 4.3　球形气孔透照时影像的放大与畸变

(3)影像的重叠

如果两个分离的缺陷同时被一束射线穿过,但两个缺陷处在两个不同高度的层次上,这时两个缺陷投影得到的图像有可能是重叠的,而且连成了一个完整的图像,如图 4.4(a)所示;如果一大一小的缺陷恰好在同一投影方向上,则产生的影像是套合的,如图 4.4(b)所示。

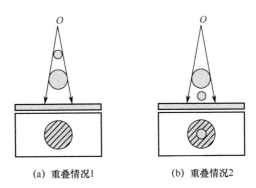

(a) 重叠情况1　　　　　　　(b) 重叠情况2

图 4.4　影像重叠示意图

影像重叠造成的假象比影像放大和畸变的危害更大,因此要认真识别和判断。一般来说,影像重叠部分的黑度与非重叠部分的黑度有明显的区别。在改变射线源位置后重复检测,若影像的形状有了明显的改变,则可判定其是由影像重叠造成的。

(4)半影

前面讨论的情况都把射线源看作点源,事实上射线源都是有一定尺寸的,因此投影后产生的图像都有半影存在，半影会使图像变得模糊。半影也称几何不清晰度，常记为 U_g，是影响射线照相检测影像质量的重要因素。图 4.5（a）中的 U_g 部分即半影，从几何投影角度分析可知，半影区的大小随焦点尺寸、缺陷位置和焦点与缺陷相对距离的不同而变化。图 4.5 直观地反映了半影的变化情况。

综上所述，要了解试件内部的真实状况，必须对影像做具体的分析，而且必须采取有效措施克服几何投影所造成的图像失真。

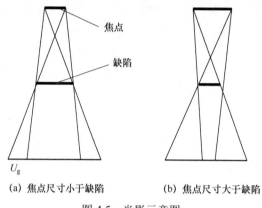

焦点

缺陷

U_g

(a) 焦点尺寸小于缺陷　　　(b) 焦点尺寸大于缺陷

图 4.5　半影示意图

（5）穿透厚度差

射线源的锥形扩散使射线在试件内的行程不等，垂直于试件入射的行程短于倾斜于试件入射的行程，换句话说，射线束穿透的厚度不等，两端厚度大，因此其底片黑度小。图 4.6 所示为平板试件和环形试件穿透厚度差形成示意图。穿透厚度差不仅会影响底片的黑度，而且会使影像失真，因而检测灵敏度下降。在射线检测中，对穿透厚度差是要严格控制的，通常将斜入射穿过的最大厚度与试件厚度之比（透照厚度比）k 值控制在一定范围内，在图 4.6 中，$A'B' \leqslant 1.2AB$。穿透厚度差控制是射线检测质量控制的制约条件，在实际检测中常用来确定每次透照的实际长度，该长度称为有效长度 L_{eff}。透照长度若超过有效长度，则对穿透厚度差失去控制，底片两端的黑度也满足不了标准的要求。

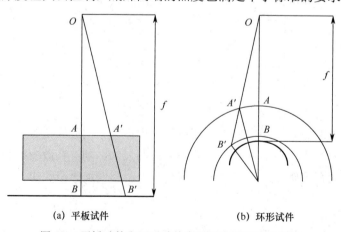

(a) 平板试件　　　(b) 环形试件

图 4.6　平板试件和环形试件穿透厚度差形成示意图

4.1.2　透照布置与工艺参数选择

4.1.2.1　射线照相检测的主要流程

射线照相检测技术主要包括下列过程：透照准备、透照操作、胶片暗室处理、评片与判断、报告与归档。为了对射线照相检测技术的基本过程有总体的了解，下面简要介绍各过程的主要内容。

（1）透照准备

对试件实施射线照相检测前，需要完成一系列的准备工作，其中包括技术准备、器材准备、试件及工装准备。

① 技术准备是指检测方案设计、曝光曲线的绘制、曝光参数的选择、试验验证、技术标准的选用及工艺卡的编制等。其中，检测方案设计是射线照相检测工艺流程的关键。曝光参数的选择指基于曝光曲线，根据试件的厚度、已确定的透照方式选择曝光量、管电压、焦距等参数。

② 器材准备是指在射线透照前需要准备胶片、像质计、标记、增感屏、显定影液、停显液等器材。

胶片：根据被检测试件的具体情况和检测要求选择适当型号的胶片，并根据试件被检测部位的尺寸在暗室中合理裁切胶片，用黑纸包裹或放入暗袋中。

像质计：选择与被检测试件材质相同的像质计，并根据透照厚度选择适当的组号。

标记：准备好透照部位的标记，包括识别标记和定位标记等。

增感屏：射线照相检测一般使用金属增感屏或不用增感屏。若使用增感屏（一般是铅箔增感屏），应在暗室中将增感屏贴在胶片的单面或双面并放入暗袋。增感屏的选用应符合相应的技术标准。

显定影液、停显液：按要求配置好显影液、定影液、停显液。

器材的准备应符合规范要求及检测标准的规定。

③ 试件及工装准备是指应适当清理被检测试件表面的油污、毛刺等可能造成虚假缺陷的杂物，射线照相检测对试件表面无特别的要求。在实际操作中，为了保证有合适的射线透照角度，确保胶片与试件紧密接触，常用夹具支撑试件。

（2）透照操作

透照操作包括透照布置和曝光操作。将射线源、试件、胶片、像质计、标记等按工艺要求放置好，特别要注意焦距、射线入射角度，以及射线源、试件、胶片的相对位置。放置好后，按选择好的曝光参数透照，并严格按设备的操作规程操作。

（3）胶片暗室处理

按照既定的射线照相检测规范对试件曝光后，使胶片在暗室中按规定的步骤进行显影、停显、定影、水洗、干燥处理，得到可供观察和评定的射线照相底片。

（4）评片与判断

将底片置于专用的底片观片灯上观察，根据底片黑度的变化情况识别、判断是否存在缺陷，以及缺陷的性质、形状、大小、数量及分布等，并按验收标准分类评级，做出合格与否的判断。通常应首先对底片的质量进行检查，确定底片的黑度及影像的灵敏度是否符合要求，只有符合要求的底片才允许进行缺陷评判。

（5）报告与归档

对于检测的结果应按要求如实填写检测报告，检测报告经有资格的检测人员审核确认后才能签发。检测报告的内容、格式应符合检测规范、检测标准的要求。检测报告应按要求存档保管。

4.1.2.2　透照布置

射线照相的基本透照布置示意图如图 4.7 所示。透照布置的基本原则是：使射线照相能更有效地对缺陷进行检测。在具体进行透照布置时主要应考虑：①射线源、试件和胶片的相对位置，应使透照厚度尽可能小，缺陷更靠近胶片；②射线中心束的方向，尽可能使射线中心束的方向沿着危害性缺陷延伸方向；③有效透照区（一次透照的有效范围），射线中心束在一般情况下应指向有效透照区的中心。有效透照区主要是指控制一次透照中透照厚度的变化范围，这个变化范围必须在一定的限度内，使有效透照区在射线底片上形成的影像满足以下要求：①黑度处于规定范围内；②射线照相检测灵敏度符合规定的要求。

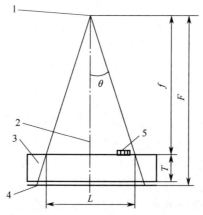

1—射线源；2—射线中心束；3—被检测试件；4—胶片；5—像质计；f—射线源到试件表面（靠近射线源侧的表面）的距离；F—射线源到胶片表面的距离；θ—照射角；L—有效透照区的宽度；T—试件厚度（透照厚度）

图 4.7　射线照相的基本透照布置示意图

（1）射线源、试件和胶片的相对位置

根据射线照相检测技术的检测原理，在对试件实施射线照相检测时，射线源、胶片应该分别放置在试件的两侧，才能使试件成像在胶片上。射线源、试件和胶片的相对位置（如射线源到试件表面的距离、射线源到胶片表面的距离、射线源相对透照中心的偏移角度或距离等）都会影响缺陷的可检出性。相对位置不同，检测时的焦距可能不同，从而导致几何不清晰度不同；射线照射角 θ 的不同，可能导致焊缝横向裂纹漏检，因为若 θ 角太大（有效透照区太大），则射线透过裂纹的透照厚度 ΔT 很小，对比度将会很小。对于环形焊缝的检测，射线源无论是放置在试件内部还是放置在试件外部，无论是单壁透照还是双壁透照，无论是垂直透照还是倾斜透照，都会有不同的透照结果。对容器内壁表面裂纹的检测，源在外比源在内的透照方式的检出率更高，垂直透照比倾斜透照更容易检测出未透或根部未熔合缺陷。

另外，在透照布置时必须注意射线中心束的指向。一般情况下，射线中心束应指向有效透照区的中心，这主要是为了使在有效透照区内透照厚度的差异更小，底片黑度更为均匀，从而使有效透照区内的灵敏度一致性更好，并提高有效透照区内缺陷的可检性。对于一些特殊的检测场合，如在检测焊缝坡口是否存在未熔合缺陷时，应使 X 射线的射线中心束指向坡口的角度方向。在选择射线源、试件、胶片的相对位置时，应根据具体透照现场条件和设备、试件、缺陷形状及取向等特点，使射线中心束的方向有利于缺陷的检出，使缺陷更靠近胶片以减小几何不清晰度，达到灵敏度要求，提高缺陷的可检性。

（2）透照方式

透照方式应根据试件的形状、尺寸、缺陷特点及现场条件来选择确定。铸件厚度相同的部分、母材厚度相同的平板对接焊缝等都可视为平板试件。平板试件的透照方式比较简单，是最基本的透照方式之一，如图 4.7 所示。下面主要介绍对接焊缝 [包括环焊缝、直（纵）焊缝] 的透照方式。

透照方式按照射线源的位置是在试件内还是在试件外，可分为源在内透照方式和源在外透照方式；按照射线源在试件内是否处于中心位置，可分为中心法和偏心法；按照射线透过管件、筒件、容器等环形试件壁厚的数量，可分为单壁透照和双壁透照；按照是垂直还是倾斜透照焊缝，可分为直透法和斜透法；按照底片上环缝需评定的影像是整体焊缝还是部分焊缝，可分为单影和双影。将上述各种情况进行组合，可以得到下列适用于不同场合的对接焊缝透照方式。

① 对于直（纵）缝透照：单壁透照、双壁透照。

② 对于环缝透照：源在内（片在外）单壁单影透照（中心 $F=R$，F 是射线源到胶片的距离，R 是环缝的半径）、源在内（片在外）单壁单影透照（偏心 $F>R$）、源在内（片在外）单壁单影透照（偏心 $F<R$）、源在外（片在内）单壁单影透照、源在外双壁单影直透法、源在外双壁单影斜透法、源在外双壁双影直透法及源在外双壁双影斜透法。

透照方式说明如下。

① 应根据试件特点和技术条件的要求选择适宜的透照方式。在可以实施的情况下，应选用单壁透照方式；在单壁透照不能实施时，才允许采用双壁透照方式，因为双壁透照方式的灵敏度低于单壁透照方式的灵敏度。

② 双壁双影透照方式一般只用于直径 100mm 以下的小直径管环焊缝，而且在同时满足 T（壁厚）$\leqslant$8mm 和 g（焊缝宽度）$\leqslant D_0/4$ 时采用斜透法（D_0 是小直径管环焊缝的外直径），否则采用直透法。

③ 射线源放置在环焊缝中心的单壁透照方式，即透照厚度在一周焊缝上都是相同的，透照厚度比为 1，因此可以一次对整圈焊缝完成透照，即可进行周向曝光，也称周向透照。这种透照方式不仅透照厚度均匀，而且横向裂纹检出角为零，底片黑度、灵敏度佳，缺陷检出率高，工作效率高。在所有透照方式中，周向曝光为最佳方式。

④ 源在外单壁透照方式的透照布置一般是射线源置于焊缝的中心线上，射线中心束垂直指向被透照焊缝。当采用这种透照方式时，胶片暗盒背面必须放置铅板（一般厚度为 1～4mm），以屏蔽来自试件内壁其他部分的散射线，否则底片的质量将严重下降。

⑤ 如果射线源无法放在试件内部或胶片不能放置在试件内部，可采用源在外双壁透照方式。若是斜透，则射线源应偏移焊缝中心一定距离，以保证源侧焊缝的影像不与透照焊缝的影像重叠，并且有适当的间距。一般偏移的距离应控制在源侧焊缝的影像刚刚移出被透照焊缝热影响区影像的边缘，以免遮挡热影响区影像。

各种透照方式有各自的特点，在选择透照方式时除考虑以上要求外，还应结合检测灵敏度、试件及缺陷特点、有效透照长度、工作效率、操作便利性、检测设备和现场条件等综合考虑。

4.1.3 射线探测及器件

射线探测需要专用的测量装置，这种测量装置通常由探测器和信号处理系统组成。探测器是一种能量转换器件，射线在探测器中损失能量并经探测器转换为光信号或电信号。本节重点介绍工业射线检测中常用的探测器，包括工业射线胶片、存储磷光（IP）成像板、图像增强器、线阵探测器、面阵探测器的工作原理、结构、性能和应用等。其中 X 射线探测器经历了图 4.8 所示的 4 个发展阶段，正朝着数字化阶段发展。

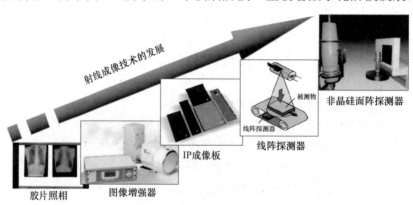

图 4.8　射线成像技术的发展

4.1.3.1　工业射线胶片

工业射线胶片属于照相乳胶探测器，在射线照相检测技术中作为一种信息记录载体，具有缺陷影像直观、精确度高、重复性好、可测量、不可更改、检测结果可以长期保存等特点，是目前在工业射线检测中应用较广泛、灵敏度与可靠性比较高的射线探测器。使用工业射线胶片的射线照相检测技术被广泛应用于航空航天、船舶、兵器、石油、化工、锅炉、压力容器制造等领域，可对重金属、轻金属、合金、非金属、焊接件、精密铸件、组合装备件进行无损检测，对确保器件和设备的质量、安全生产和使用具有十分重要的意义。由于在实际检测时，工业射线胶片通常与增感屏一起使用，因此可以提高工业射线胶片的感光能力，其与暗室处理条件共同构成胶片系统。

工业射线胶片有一些不足之处，因需要化学处理 X 射线胶片，从图像的采集到技术人员的检测，通常需要 20min 的滞后时间。如果胶片曝光量不够或透照角度错误，则必须重新进行所有的程序，那么仍然需要 20min 的滞后时间。如果照射大量胶片，将需要几小时的滞后时间。此外，公司必须配备存放地点和拥有经过培训的员工，以保证安全操作、存储和处理胶片冲洗药液。对于重要试件的胶片，需要保存 10 年以上，胶片的建档存储比较烦琐，保存中对环境温度、湿度的要求较高。

为了克服胶片没有数字化、难以存储、难以用图像处理技术进行分析的缺点，X 射线胶片数字扫描仪诞生了，如图 4.9 所示。利用光电转换的原理，使用氦氖激光，通过多面体旋转式反光镜对已有 X 射线胶片进行扫描。同时，由快速多路自动跟踪接收器将接收到的光信号转换为电信号，再经过模数转换器转换计算，将图像资料转换成数字信号资料从而可以存储并再利用。

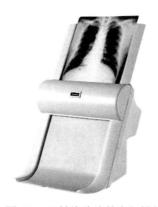

图 4.9 X 射线胶片数字扫描仪

X 射线胶片使用和保存时的注意事项如下。

① 胶片不可接近氨、硫化氢、煤气、乙炔和酸等，否则会产生灰雾。

② 裁片时不可把胶片上的衬纸取掉裁切，以防裁切过程中将胶片划伤。不要对多层胶片同时裁切，以防轧刀，擦伤胶片。

③ 装片和取片时，应避免胶片与增感屏摩擦，否则会擦伤，显影后底片上会产生黑线。操作时还应避免胶片受压、受曲、受折，否则会在底片上出现新月形影像的折痕。

④ 开封后的胶片和装入暗袋的胶片要尽快使用，如工作量较小，一时不能用完，则要采取干燥措施。

⑤ 胶片宜保存在低温、低湿环境中，温度通常以 10～15℃为宜；湿度应保持在 55%～65%，湿度过高会使胶片与衬纸或增感屏粘在一起；但空气过于干燥，容易使胶片产生静电感光。

⑥ 胶片应远离热源，在暗室红灯下操作时不宜距离过近，暴露时间不宜过长。

⑦ 胶片应竖放，避免受压。

X 射线底片上的影像主要是靠胶片乳剂层吸收 X 射线产生光化学作用形成的。为了吸收较多的 X 射线，X 射线照相的感光胶片采用了双面药膜和较厚的乳剂层，但即使如此，通常也只有不到 1%的 X 射线被胶片所吸收，而 99%以上的 X 射线透射过胶片被浪费。通过延长曝光时间可以得到更大的曝光量，然而这不仅有损 X 射线机，甚至对检测人员都存在安全隐患。因此，希望有一种不需复杂技术就可对浪费的能量更多地加以利用的方法。将增感物质与胶片共同使用可增大胶片的感光量，同时达到缩短曝光时间的目的，这种增感物质就是增感屏，如图 4.10 所示。使用增感屏可增加 X 射线对胶片的感光作用，从而达到缩短曝光时间、提高工效的目的。目前，工业射线检测常用的增感屏有金属增感屏、荧光增感屏和金属荧光增感屏三种。

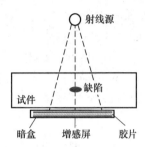

图 4.10　采用胶片和增感屏检测示意图

增感屏在使用过程中，对其表面质量的要求较高，应保持光滑清洁，无污秽、无损伤、无变形。装片时，应避免胶片与增感屏之间发生摩擦，装片后要求增感屏与胶片能紧密贴合，胶片与增感屏之间不能夹杂异物。

4.1.3.2　IP 成像板

IP 成像板（存储磷光成像板）是计算机 X 射线照相技术成像系统的关键组成部分，是作为记录用的载体，以代替传统的暗盒。其特点是可以重复使用，但不具备影像显示功能。

IP 成像板由保护层、荧光成像层、基板层和背衬层组成。保护层一般要求能弯曲和耐磨损，透光率高。保护层的作用是保护荧光成像层不受外界温度、湿度和辐射的影响。荧光成像层是用多聚体溶液把含有微量二价铕离子的氟卤化钡晶体相互均匀结合制成的，有适度的柔软性和机械强度。基板层具有良好的平面性、适中的柔软性和良好的机械强度，基板层的作用是保护荧光成像层免受外力损伤，延长 IP 成像板的使用寿命。背衬层的材料与保护层相同，主要作用是避免 IP 成像板在使用过程中产生摩擦。

IP 成像板的工作原理：在荧光成像层，晶体内的铕离子初次由射线激发而被电离，由二价变为三价，将电子释放给周围的传导带。释放的电子在以往形成的卤离子空穴内被库仑力俘获，即被卤离子组成的感光中心俘获，使其处于半稳定状态。被俘获的电子数量正比于吸收的射线剂量。射线在 IP 成像板上形成的潜影就是以这种状态存储下来的。此后，若用可被感光中心吸收的可见光再次激发 IP 成像板，则被俘获的电子返回原始状态，激发二价铕离子产生的能量将以发光的形式释放出来，供影像阅读处理器阅读。这种光激励发光强度与原来接收的射线剂量成比例，所以，当激光束扫描 IP 成像板时，就可将射线照相图像转换为可见的图像。IP 成像板再次经激光照射后，逆转以上过程，恢复到第一次激发前的状态。所以 IP 成像板可以重复使用，寿命高达 5000 次以上，而常规的射线胶片只能使用一次。

IP 成像板可装在专门设计的硬质或柔性暗盒中，暗盒中可内附铅屏，也可不附铅屏，暗盒不是用来避光的，而是起护套作用，能使 IP 成像板的使用寿命延长为原来的 3 倍左右。

　　IP 成像板在存放、使用及保养时应特别注意：IP 成像板要用专用架竖放，禁止堆叠，避免受压变形，水平堆放时不宜超过 4 块；平时禁止打开暗盒，禁止用手按压成像面一侧，还要注意不要划伤、摩擦、弯曲 IP 成像板；放置 IP 成像板的专用架要放在环境洁净、通风干燥、避免阳光直射处和无辐射环境中，长时间不用时因受到自然本底辐射和其他影响，在使用前应用扫描仪激光对其进行擦除；透照时，IP 成像板要轻拿轻放，严禁暴力损伤；直接接触 IP 成像板时使其受力不宜过大以防止其变形；IP 成像板的暗盒应保持干净，遇到表面污染时应及时擦除；清洁 IP 成像板的暗盒时不要用水冲洗，避免污染物及水进入暗盒内而污染成像层，应当用湿布清洁；IP 成像板要用专用擦洗液进行全面清洁，清洁完毕后放在环境清洁的自然条件下，阴干后装入暗盒。

4.1.3.3　图像增强器

　　20 世纪 50 年代，图像增强器出现，射线检测设备可以从荧光屏上采集 X 射线，并聚焦在另一个屏上，可以直接观察或通过高质量的电视（TV）或 CCD（电荷耦合器件）摄像机观察。

　　图像增强器的优点是检测速度快、成本低。缺点是：对于图像增强器，其应用范围受其防护体积庞大和视域的限制，而且图像的边沿出现扭曲，只有中心位置的图像才有用。图像增强器的图像存档时，需要转换为视频格式，占用空间大。图 4.11 所示为图像增强器外观图及成像光路图。

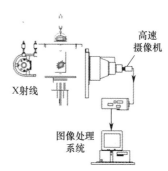

(a) 图像增强器外观图　　　　　　　(b) 图像增强器成像光路图

图 4.11　图像增强器外观图及成像光路图

　　图像增强器的工作原理：X 射线透过试件，透过图像增强器的窗口入射到输入屏，输入屏把接收的射线影像转换成可见光影像，并由输入屏的光电阴极转换成电子，电子在阴极电位、聚焦电极电位及阳极电位共同形成的电子透镜作用下聚焦、加速、冲击，在输出屏上形成缩小、倒立并增强了的电子影像。电子影像再由输出屏转换成可见光影像。阳极电位越高，光电子的运动速度越快，撞击输出屏时的动能越大，激发的光电子越多，产生的荧光越强，输出屏的亮度越高。

基于图像增强器的射线数字成像系统如图 4.12 所示，在工作时，X 射线经过射线荧光转换屏转换为可见光，可见光经过光电阴极发生光电效应转换为光电子，光电子在真空管内被加速、放大、聚焦后以较高的能量轰击输出荧光屏，发射可见光，可见光经透镜耦合至 CCD 相机，CCD 相机将可见光转换成视频信号，在监视器上实时显示。

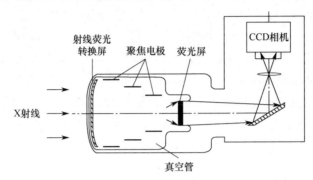

图 4.12　基于图像增强器的射线数字成像系统

基于图像增强器的射线数字成像系统的优势在于成像系统价格低，能够实时显示，检测速度快，适用于那些对检测指标要求并不严苛、被检测试件厚度分布相对均匀，且能够方便通过监视器快速识别缺陷的动态检测场景；但也存在检测图像质量达不到胶片照相最佳水平、成像系统体积较大、采用光学镜头成像易产生像场畸变、容易受磁场干扰等不足。

4.1.3.4　线阵探测器

线阵探测器外观图和成像原理图如图 4.13 所示，线阵探测器是指射线通过转换屏转换为光（电）信号后，由线阵图像传感器接收并转换为数字信号的一种射线探测器。X 射线线阵探测器可承受 20～450keV 能量的 X 射线直接照射，具有在强磁场中稳定工作的能力，无老化现象，动态范围可达到 12bit。线阵探测器的扫查方式是线性扫描，每次扫描的结果都是一条直线，多条直线排列组成一幅图像。检测时，试件移动，经过相对固定的线阵探测器的扫查，可得到一幅连续的图像。因此，扫描速度是线阵探测器的一个主要参数。

典型的线阵探测器可以分成如下几个主要部分：晶体、光电二极管阵列、探测器前端、数据采集系统、控制单元、机械结构、电源、附件、帧采集卡和软件。大多数线阵探测器用某种晶体将吸收的射线转换成可见光。光电二极管阵列用来接收晶体产生的可见光，晶体安装在光电二极管表面。光电二极管阵列几乎可以做成任何形状。

(a) 线阵探测器外观图

图 4.13　线阵探测器外观图和成像原理图

被检测试件

线阵探测器

(b) 线阵探测器成像原理图

图 4.13　线阵探测器外观图和成像原理图（续）

4.1.3.5　面阵探测器

面阵探测器（也称平板探测器）是射线检测最重要的技术突破之一，其最突出的优点是可输出高质量的数字化影像。面阵探测器与胶片或 IP 成像板的处理过程不同，其采用 X 射线图像数字读出技术，真正实现 X 射线检测自动化。面阵探测器可以放置在传送带位置，检测通过的试件，也可以采用多视域的检测。在两次照射期间，不必更换胶片和存储荧光板，仅需要几秒钟的数据采集就可以观察到图像，与胶片或 IP 成像板的生产能力相比，有巨大的提高。

目前，面阵探测器主要有非晶硅面阵探测器和非晶硒面阵探测器。

（1）非晶硅面阵探测器。X 射线首先撞击其板上的闪烁晶体层，闪烁晶体层发出的光电子的能量与撞击射线能量成正比，这些光电子被下面的硅光电二极管阵列采集，并且将其转换成电荷，再将这些电荷转换为某像素的数字值。闪烁晶体层一般由铯碘化物或钆氧硫化物组成，铯碘化物是较理想的材料。非晶硅面阵探测器成像作为目前新型的 X 射线检测技术，具有高的成像透照灵敏度、高的空间分辨率、较大的动态范围及较大的成像面积等优点，近年来，非晶硅面阵探测器在工业无损检测领域得到应用，图像质量已经达到胶片照相的 B 级要求。但是，由于闪烁晶体层很薄，因此对射线的转换效率不及线阵探测器，在高能射线辐射下容易损坏。

（2）非晶硒面阵探测器。其主要由非晶硒层和 TFT（薄膜晶体管）阵列构成。非晶硒面阵探测器没有荧光转换层，通过非晶硒光电材料直接将射线转换成电信号，能提供一个完整的扫描场。由于射线光电子直接转换为电荷，非晶硒面阵探测器从根本上消除了可见光的存在，因此避免了图像分辨率下降。非晶硒面阵探测器具有转换效率高、动态范围广、空间分辨率高等优点。其缺点是对射线的吸收率低、在低剂量条件下不能很好地保证图像质量、硒层对温度敏感、使用条件受限、环境适应性差。

4.2　X 射线成像系统的主要技术指标

4.2.1　透度灵敏度

透度灵敏度决定了设备对被检测试件中最小缺陷尺寸的检出能力，一般用百分比（%）

表示。百分比越低，透度灵敏度越高。在 X 射线照相检测中，常用与被检测试件的厚度有一定比例关系的器件，如像质计，作为底片影像质量的评价工具。需要注意的是，试件中实际含有的自然缺陷的形状复杂多样，与像质计的形状、结构不同，因此底片上显示的像质计最小金属丝直径、孔径或槽深，并不等于试件中所能发现的最小真实缺陷尺寸。

像质计是一种用于定量评估射线照相影像质量的精确计量器具。根据像质计的细节形状不同，一般分为线形像质计、孔形像质计和槽形像质计等。其中，孔形像质计又分为阶梯孔形像质计和平板孔形像质计。线形像质计由于结构简单，制作、使用方便，因此应用最为普遍。不同国家、不同标准对实际使用的像质计的种类、形式、规格和使用方法等都做了具体的规定，因此，在选用像质计时，应根据检测标准的要求进行选择。

（1）线形像质计

线形像质计是由一系列材质相同、丝径按一定规律变化的圆柱形直金属丝以一定的间距排列构成的，封装在射线吸收系数较低的材料中，如图 4.14 所示。线形像质计的材质应与被检测试件材质相同或相近。一种线形像质计内含的所有金属丝应为同一金属材料。按材质不同，线形像质计可分为钢质线形像质计、铝质线形像质计、钛质线形像质计、铜质线形像质计及其他金属质线形像质计。线形像质计含有的 7 根金属丝相互平行，并且依丝径增大的顺序以规定的间距（一般不小于 5mm）并列放置。金属丝的长度有三种规格：10mm、25mm 和 50mm。

图 4.14　线形像质计实物图

金属线形像质计的 X 射线照相的透度灵敏度为在 X 射线照相底片上可辨认的金属丝的最小直径与被检测试件的透照厚度的百分比，即 $S = \dfrac{d}{T} \times 100\%$，其中，$S$ 为透度灵敏度，T 为被检测试件的透照厚度，d 为 X 射线照相底片上可辨认的金属丝的最小直径。值得注意的是，同一个透度灵敏度值，对不同的检测厚度可能是很好的透度灵敏度值，也可能是很差的透度灵敏度值，所以现在检测标准很少采用这种规定的透度灵敏度，而是直接规定不同透照厚度范围应识别的金属丝径。例如，对于 6mm 厚钢板，采用 JB4730—2005 Ⅲ级像质计的 DR 图像如图 4.15（a）所示，像质计的丝径ϕ的范围为 0.1～0.4mm，共 7 根丝，胶片照相 B 级要求 7 根丝全部检出；对于 16mm 厚钢板，采用 JB4730—2005 III 级像质计的 DR 图像如图 4.15（b）所示，像质计的丝径*ϕ*的范围为 0.1~0.4mm，共 7 根丝，胶片照相 B 级要求检出 4 根丝。

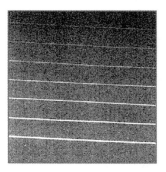

　　（a）6mm厚钢板DR图像　　　　　　　　（b）16mm厚钢板DR图像

图 4.15　像质计在不同厚度钢板中的 DR 图像

（2）阶梯孔形像质计

阶梯孔形像质计是由一系列阶梯构成的部件或组件。其基本结构是在阶梯块上钻上直径等于阶梯厚度的通孔，通孔应垂直于阶梯表面。常用的阶梯为矩形和正六边形。每个阶梯上都有一个或多个直径与该阶梯厚度相等的圆孔。阶梯孔形像质计的材质应与被检测试件的材料相同或相近，按材质不同可分为钢质阶梯孔形像质计、铝质阶梯孔形像质计、钛质阶梯孔形像质计、铜质阶梯孔形像质计。阶梯孔形像质计适用的试件材料范围与金属线形像质计类似。

（3）槽形像质计

槽形像质计是指在矩形试件上制作出深度按一定规律变化的、宽度相等或不等的矩形槽或缝。以这些槽为细节，利用在底片上可识别的最小影像，判断射线照相透度灵敏度，也可利用槽形像质计来评定缺陷的深度。

在焊接领域，像质计的应用方法：一般应放置在试件源侧表面焊接接头的一端（在被检区长度的 1/4 左右位置），金属丝应横跨焊缝，细丝置于外侧。当一张胶片上同时透照多个焊接接头时，像质计应放置在透照区最边缘的焊缝处。

像质计放置的原则：①单壁透照规定像质计放置在源侧，双壁单影透照规定像质计放置在胶片侧，双壁双影透照规定像质计可放置在源侧或放置在胶片侧；②单壁透照中，如果像质计无法放置在源侧，则允许放置在胶片侧；③单壁透照中，像质计放置在胶片侧时应进行对比试验。对比试验是在射线源侧和胶片侧各放置一个像质计，用于对试件进行相同的条件透照，通过这种方法，可以测定出像质计在射线源侧和胶片侧放置时的透度灵敏度差异，进而调整或修正像质计指数的规定，确保实际透照时底片的透度灵敏度满足预定的要求；④当像质计放置在胶片侧时，应在像质计上的适当位置放置铅字"F"作为标记，"F"标记的影像应与像质计的标记同时出现在底片上，且应在检测报告中注明。

原则上，每张底片上都应有像质计的影像。当一次曝光完成多张胶片时，使用的像质计数量允许减小但应符合以下要求：①环形对接接头采用源置于中心的周向曝光时，至少在圆周上等间隔地放置 3 个像质计；②球罐对接接头采用源置于球心的全景曝光时，至少在北极区、赤道区、南极区附近的焊缝上沿维度等间隔地各放置 3 个像质计，在南极、北极的极板拼缝上各放置一个像质计；③一次曝光连续排列的多张胶片时，至少在第一张、中间一张和最后一张胶片处各放置一个像质计。

4.2.2 空间分辨率

空间分辨率反映了透照图像的清晰程度和对细节信息的检出能力。分辨率越高，图像越清晰。空间分辨率也是使用专门的分辨率测试卡进行测量的，单位是 LP/mm，表示系统可以在 1mm 内分辨出多少个线对。分辨率测试卡有扇形和栅形两种，如图 4.16 所示。

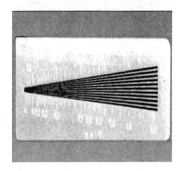
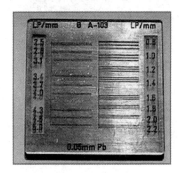

(a) 扇形分辨率测试卡 (b) 栅形分辨率测试卡

图 4.16 分辨率测试卡

4.2.3 对比度

对于 X 射线照相检测，对比度是指对于厚度为 T、线吸收系数为 μ 的试件，当存在厚度为 ΔT、线吸收系数为 μ' 的缺陷时，X 射线的透射强度产生 ΔI 的变化，如图 4.17 所示。对比度决定了在射线透照方向上可识别的细节尺寸。对比度与被检测试件的性质、结构，缺陷的性质、形状、尺寸，采用的透照技术参数及胶片类型等因素有关。

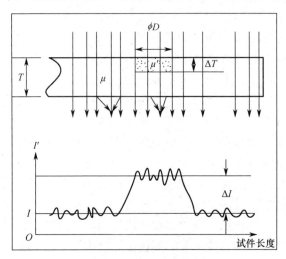

图 4.17 对比度示意图

提高 X 射线照相检测图像对比度的措施：①在 X 射线穿透被检测试件的情况下，尽可能采用低的能量，即低的管电压，以提高吸收体的线吸收系数；②采用各种屏蔽散射的措施，减小散射线的强度；③选择最佳的投射方向，该方向最好为缺陷的最大尺寸方向。

4.2.4　不清晰度

不清晰度是制约成像空间分辨率的主要因素，也影响成像的对比度，是评定射线成像系统的重要指标。不清晰度主要包括几何不清晰度、固有不清晰度和运动不清晰度。

（1）几何不清晰度

几何不清晰度产生于射线源焦点，其具有一定的尺寸，当射线透照一定厚度的试件时，按照几何投影成像原理，试件投影总有一定的半影区，即边界扩展区，如图 4.18 所示，造成试件投影的边界模糊，半影区的宽度即几何不清晰度。

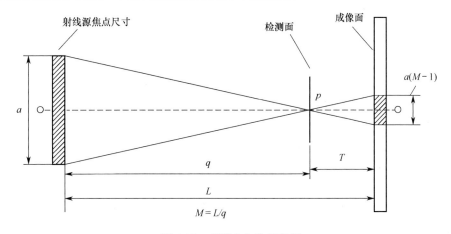

图 4.18　半影产生的示意图

几何不清晰度与焦点尺寸和缺陷到胶片的距离成正比，而与焦点至试件表面的距离成反比。焦点尺寸越小，焦点至试件表面的距离越大，缺陷到胶片的距离越小，则几何不清晰度也越小。在焦点尺寸和缺陷到胶片的距离给定的情况下，主要是通过改变焦点至试件表面的距离来控制几何不清晰度的。但若焦点至试件表面的距离过大，根据射线强度平方反比定律，射线强度会减小，所以应综合考虑。此外，合理地选择透照布置可以有效减小几何不清晰度，如通过调整试件位置，使缺陷靠近胶片等。

（2）固有不清晰度

固有不清晰度也称探测器不清晰度，对于胶片照相法，入射射线在乳剂层中激发的次级电子散射产生固有不清晰度；对于其他照相法，如射线转换屏、CCD 相机采样等，采样的孔径、像素大小等原因使输出的数字图像不是一个理想的点，而是一定大小的焦斑，从而产生固有不清晰度。一般来说，固有不清晰度很难通过优化成像条件而得到改善。

（3）运动不清晰度

一般来说，射线照相检测时，要求被检测试件、胶片和射线源是相对静止的，即没有相对运动。但在某些特殊情况下，被检测试件与射线源存在恒定的相对运动，首先碰到的问题是在运动方向上射线图像比较模糊，即产生了运动不清晰度。针对运动不清晰度的大小可做如下分析：相当于试件不动，射线源运动，射线源在运动时，其运动方向上的焦点尺寸相对于静止状态会增大一个特定的量，增大量等于在曝光时间内焦点相对试件运动的距离。在图像处理中，运动不清晰度也称运动模糊，运动模糊的恢复可采用专用的图像处理算法实现。

除上述介绍的各不清晰度外，造成射线照相不清晰的其他因素还有散射线、胶片颗粒、灰雾和显影条件等。

4.2.5　噪声

在 X 射线的产生及其与物质的相互作用过程中，探测器所接收的光电子在空间和时间的分布上会出现随机的波动现象，这种波动称为量子噪声。电子噪声是电子随机热运动造成的，是探测器内部各种电子电路产生的一种随机噪声，对于射线成像而言，电子噪声只占总噪声很小的一部分。改善量子噪声和电子噪声的措施：①提高管电流；②延长积分时间；③图像多帧叠加。

由于制造工艺存在局限性和不一致性，探测器各个探元对同样强度的 X 射线输入，其输出响应不等，即各个探元的灵敏度存在差异，造成像元通道响应不一致性噪声。可以通过算法对像元通道响应不一致性噪声进行校正，将各个探元的灵敏度校正为一个固定值。

4.3　X 射线照相检测评片技术

经过射线透照、暗室处理等一系列操作过程，在底片上形成了被检测试件透照的影像。正确识别、判断影像所代表的材料特征是判断被检测试件是否存在缺陷的前提。要识别底片上影像是否为缺陷，必须了解材料加工工艺及缺陷的形成、形态在底片上的特征。本节将首先介绍射线照相检测中常见的缺陷知识，然后讨论缺陷的影像特征与识别。

4.3.1　评片技术概述

4.3.1.1　评片主要内容

评片与报告是射线检测的最后一道工序，也是对检测结果做出结论的重要程序。射线底片的评定工作包括以下内容。

（1）对底片本身质量的评定

① 底片的透度灵敏度：底片的透度灵敏度综合表达了底片影像质量及对小缺陷的检出能力，是评价射线底片质量的最重要的一个技术指标。底片的透度灵敏度用像质计测定。对底片的透度灵敏度的审查内容包括：底片上是否有像质计影像，像质计型号规格是否与被检测试件及标准要求相符，像质计摆放位置是否正确，透度灵敏度是否达到要求。值得注意的是，不同国家的不同标准对不同技术级别应达到的透度灵敏度规定不完全相同。评定射线底片的透度灵敏度是否达到要求，应按照所执行标准的具体规定进行。

② 底片的黑度：黑度是射线底片质量的一个重要指标。不同国家的不同射线检测标准

对射线底片的黑度范围都有明确的规定。底片的黑度可用光学密度计进行测量。

③ 标记：底片上是否有完整的标记，如试件编号、人员代码、透照日期、透照角度等。

④ 表观质量：底片不应存在明显的机械损伤、污染和伪缺陷等。

（2）对缺陷性质的评定

需了解被检测试件的生产过程、缺陷的产生原因，以及常见缺陷在射线底片上的影像特征。例如，焊接接头的常见缺陷有裂纹、未熔合、未焊透、夹渣、气孔、咬边和焊瘤等，铸件的常见缺陷有气孔、缩孔、缩松、夹砂等。

（3）对缺陷大小和位置的测定

可采用试件转向 90° 两次透照的方法及立体摄影等方法来测定底片上缺陷的大小和位置。

（4）对试件质量等级的评定

根据缺陷性质和严重程度，对照指定的验收标准，评定出试件质量等级或做出合格与否的结论。

4.3.1.2　缺陷识别概述

正确识别射线照相所获得的缺陷影像，判断缺陷影像所代表的缺陷性质的基础是：①具有一定的材料和工艺方面的知识，掌握缺陷的可能形式和发生规律；②具有识别缺陷影像和判断缺陷性质的丰富经验；③了解射线照相过程，特别是透照的具体布置，以分析缺陷影像的形成和变化特点。

对试件的材料、工艺知识掌握得越多，对射线照相过程了解得越清楚，具有的经验越丰富，就越容易正确地识别射线照片上的缺陷影像。

在上述基础上，可根据缺陷影像的几何形状、黑度分布及位置对射线照片上的缺陷影像进行分析和判断。

不同性质的缺陷具有不同的几何形状和空间分布特点，例如，气孔一般呈球形，裂纹多为宽度很小且有变化的缝隙等。由于射线照片上的缺陷影像是缺陷的几何形状按照一定规律在平面上投影所形成的图形，因此，射线照片上缺陷影像的形状与缺陷的几何形状及射线的照射方向密切相关。缺陷影像的几何形状常常是判断缺陷性质的最重要的依据之一，判断一个影像是否为缺陷，一般首先从影像的形状做出初步判断，然后从其他方面做进一步的分析和论证。

缺陷影像的几何形状应当从三个方面进行分析：①单个或局部影像的基本形状；②多个或整体影像的分布情况；③影像轮廓线的特点。

对于不同性质的缺陷，其影像的几何形状在上述三个方面可能产生差异。应注意的是，对于不同的透照布置（特别是不同的照射方向），同一缺陷在射线照片上形成的影像的几何形状将发生变化。例如，球形可能变成椭圆形；裂纹可能呈现为鲜明的细线，也可能呈现为模糊的片状影像等。

缺陷影像的黑度分布是判断缺陷性质的一个重要依据。各种缺陷因其产生原因和组成成分的不同，而具有不同性质。气孔内部含气体，夹杂物是不同于试件本体材料的物质等。这种不同性质的缺陷对射线的吸收不同，形成的缺陷影像的黑度也就不同。

在分析缺陷影像的黑度特点时应考虑：①影像黑度相对于试件本体黑度的高低；②影像自身各部分黑度的分布特点。在缺陷具有相同或相近的几何形状时，黑度分布的特点是判断影像性质的重要依据。

缺陷影像在射线照片上的位置，也就是缺陷在试件中位置的反映，是判断影像缺陷性质的另一个依据。缺陷在试件中出现的位置常具有一定的规律，因此缺陷影像所在位置也与缺陷性质相关。某些性质的缺陷只能出现在试件的特定位置，对于这类性质的缺陷，影像的位置就是识别缺陷的重要依据。例如，焊缝中的根部未焊透一般只能出现在焊缝的中心线上，铸件中的缩孔常出现在壁厚变化较大的部位等。实际识别射线照片上缺陷影像对应的缺陷类型，要从上述三个方面进行综合考虑，并做出判断。

4.3.2　常见缺陷的影像特征

4.3.2.1　常见焊接缺陷及其影像特征

（1）气孔

气孔是焊缝中常见的缺陷，是在熔池结晶过程中未能逸出而残留在焊缝金属中的气体所形成的孔洞。在焊接过程中，焊接区内充满了大量气体，气孔的形成都将经历下面的过程：熔池内发生气体析出、析出的气体聚集形成气泡、气泡长大到一定程度后开始上浮、上浮中受到熔池金属的阻碍不能逸出、被留在焊缝金属中形成气孔。焊缝中形成气孔的气体主要是氢气和一氧化碳。

气孔的形成有工艺因素，也有冶金因素。工艺因素主要是焊接规范、电流种类、电弧长短和操作技巧。冶金因素是由在凝固界面上排出的氮气、氢气、氧气、一氧化碳和水蒸气等造成的。

气孔的影像特征：在底片上，气孔呈现为黑度大于背景黑度的斑点状影像，黑度一般都较大，影像清晰，容易识别。影像的形状可能是圆形、椭圆形、长圆形（梨形）和条形，如图 4.19 和图 4.20 所示。

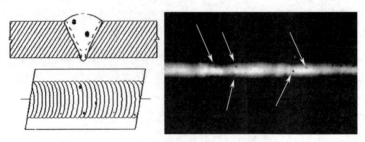

图 4.19　单个气孔示意图及影像特征

（2）裂纹

裂纹是焊缝中最危险的缺陷之一，大部分焊接构件的破坏由此产生。在焊接应力及其他致脆因素的共同作用下，焊接接头中某些特定区域的金属原子之间的结合力遭受破坏，导致在这些区域形成新的界面，进而产生缝隙，这种在焊接接头中出现的缝隙称为裂纹。裂纹具有尖锐的缺口和大的长宽比特征。其按方向可分为纵向裂纹、横向裂纹、辐射状（星状）裂纹；按发生的部位可分为根部裂纹、弧坑裂纹、熔合区裂纹、焊趾裂纹；按产生的温度可分为热裂纹（如结晶裂纹、液化裂纹等）、冷裂纹（如氢致裂纹、层状撕裂等）及再热裂纹。

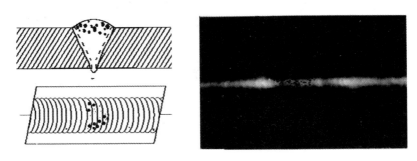

图 4.20　密集型气孔示意图及影像特征

　　裂纹的形成原因：一是冶金因素；二是力学因素。冶金因素是由焊缝产生的不同程度的物理与化学状态的不均匀，如低熔共晶组成元素 S、P、Si 等发生偏析、富集导致的热裂纹。此外，在热影响区金属中，快速加热和冷却使金属中的空位浓度增大，同时材料的淬硬倾向会降低材料的抗裂性能，在一定的力学因素下，这些都是生成裂纹的冶金因素。在焊接接头中，多种应力因素相互叠加，共同构成了导致焊接接头金属开裂的力学条件。这些应力因素包括内在的热应力、组织应力、外加的拘束应力，这些应力往往会在接头中的某些区域形成应力集中。

　　裂纹的影像特征：在底片上裂纹影像的基本形态为黑线，如图 4.21 所示，影像的黑度可能较大，也可能较小，有时容易与其他缺陷的影像区别。常见的裂纹影像有：①线状，常出现在熔合线或焊缝中心部位，与焊缝方向平行；②星状，主要是出现在起弧或收弧处的弧坑裂纹，所以也常称为弧坑裂纹；③簇状，常以熔合线为起点，向基材或焊缝方向发展，与熔合线相垂直。裂纹的影像特点也与射线照相时射线束的方向相关。

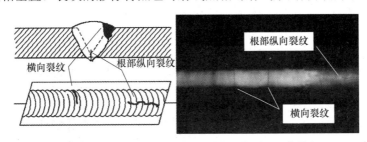

图 4.21　横向裂纹、根部纵向裂纹示意图及影像特征

（3）未焊透

　　未焊透是指母材金属与母材金属之间局部未熔化而成为一体，出现在坡口根部，因此常称为根部未焊透。

　　产生未焊透的原因可能是焊接规范（电压、电流、预热等）不适当或焊接操作不正确、坡口角度小、钝边间隙小等。

未焊透的影像特征：在底片上的未焊透是容易识别的缺陷，由于坡口存在直的机械加工边，而且坡口直边又位于焊缝中心，因此未焊透在底片上一般呈现为笔直的黑线影像，并处于焊缝影像的中心，特别是对于单面焊对接接头，如图 4.22 所示。

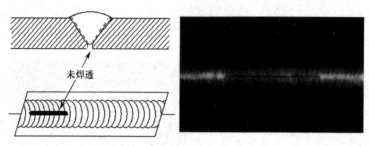

图 4.22　未焊透示意图及影像特征

在实际中看到的未焊透的缺陷影像也可能是其他形态，如断续的黑线，或伴随其他形态影像的线状影像，或有一定宽度的条状影像等。由于透照方向不同，未焊透影像也可能出现在偏离中心的位置。

（4）未熔合

未熔合是指母材金属与焊缝金属之间局部未熔化而成为一体，或焊缝金属与焊缝金属之间未熔化而成为一体。

产生未熔合的原因可能是焊接规范（电压、电流、预热等）不适当或焊接操作不正确、坡口角度小、清理不符合要求等。

按照出现的位置，未熔合常分为三种。

根部未熔合：坡口根部处发生的焊缝金属与母材金属未熔化而成为一体的缺陷。

坡口未熔合：坡口侧壁处发生的焊缝金属与母材金属未熔化而成为一体的缺陷。

层间未熔合：多层焊时各层焊缝金属之间未熔化而成为一体的缺陷。

未熔合的影像特征如下。①V 形（X 形）坡口未熔合：常出现在底片焊缝影像两侧边缘区域，呈黑色条云状，靠母材侧呈直线状（保留坡口加工痕迹），靠焊缝中心侧多为弯曲状（有时为曲齿状），如图 4.23 所示。②U 形坡口未熔合：垂直透照时，出现在底片焊缝影像两侧的边缘区域内，呈直线状的黑线条，如同未焊透的影像。③层间未熔合：垂直透照时，在底片上多呈现为黑色的不规整的块状影像，黑度淡而不均匀，一般多为中心黑度偏大，轮廓不清晰。④根部未熔合：垂直透照时，在底片焊缝根部焊趾上出现的呈直线性的黑色细线，黑度较大，细而均匀，轮廓清晰。

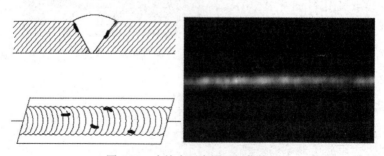

图 4.23　未熔合示意图及影像特征

（5）夹渣

焊缝中残留的非熔焊金属以外的物质称为夹杂物。夹杂物一般分为两类：夹渣、夹钨。夹渣是焊后残留在焊缝内的熔渣和焊接过程中产生的各种非金属杂质，如氧化物、氮化物、硫化物等。

焊缝中产生夹渣的主要原因是焊接电流小或焊接速度快，使杂质不能与液态金属分开并浮出。在多层焊时，如果前一层的熔渣清理不彻底，焊接操作又未能将其完全浮出，也会在焊缝形成夹渣。

夹渣的影像特征：形状不规则，边缘不整齐，黑度变化无规律，有些有棱角，如图 4.24 所示。

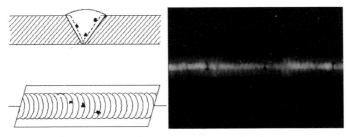

图 4.24　夹渣示意图及影像特征

（6）夹钨

夹钨是钨极惰性气体保护焊时，钨极熔入焊缝中的钨粒，夹钨也称钨夹杂。

夹钨主要是因为焊接操作不当使钨极进入熔池，或焊接电流过大导致钨极熔化，落入熔池。

夹钨的影像特征：由于钨的原子序数很大（74）、密度很大，因此在底片上夹钨的影像总是呈现为黑度远小于背景黑度的影像，常常为透明状态，如图 4.25 所示。

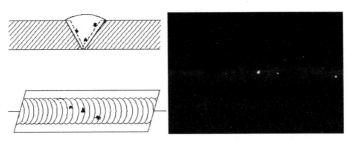

图 4.25　夹钨示意图及影像特征

（7）咬边

咬边是在母材金属表面沿焊趾产生的沟槽，产生咬边的主要原因是焊接电流过大、电弧过长、焊条角度不正确等。咬边是一种危险的缺陷，减小了母材金属的有效截面面积，造成应力集中，容易引起裂纹。

咬边的影像特征：在底片的焊趾处，靠母材侧呈现出粗短的黑色条状影像。黑度不均匀，轮廓不明显，形状不规则，两端无尖角。咬边可分为焊趾咬边和根部咬边，如图 4.26 所示。

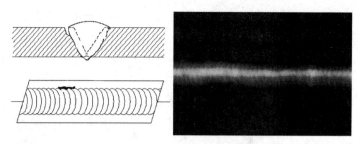

图 4.26　咬边示意图及影像特征

4.3.2.2　常见铸件缺陷及其影像特征

铸件中常见的内部缺陷可分为 4 类：①孔洞类缺陷，如针孔、缩孔、缩松和疏松、气孔；②裂纹类缺陷，如冷裂纹、热裂纹、白点和冷隔；③夹杂类缺陷，如夹杂物、夹渣和砂眼；④成分类缺陷，如偏析。

（1）缩孔、缩松和疏松

铸件在冷却和凝固过程中，合金将发生液态收缩和固态收缩，由于铸件设计的特点、铸型设计所存在的不足和浇注操作不当等，造成补缩不足，在铸件中产生孔洞。集中的大孔洞称为缩孔，分散而细小的孔洞称为缩松，在缓慢凝固区出现的很细小的孔洞称为疏松，也称显微缩松。缩孔、缩松和疏松使铸件受力的有效截面面积减小，实际强度降低，同时还引起应力集中，使铸件从这些部位开始损坏。缩孔、缩松和疏松在射线照片上呈现的形态常见的是下面 6 种。

① 一般缩孔。在射线照片上呈现为形状不规则、黑度比背景大得多的暗斑影像，其分布没有确定的方向，面积较大，轮廓一般清晰。缩孔经常出现在铸件最后凝固的区域和铸件厚度相差较大的部位，如图 4.27 所示。

② 纤维状缩孔。在射线照片上呈现为树枝状黑度较大的影像，影像具有主干、主枝和次枝等形貌，整个影像显示较大的黑度，特别是主干和主枝。由于其形状具有特殊性，因此这种缺陷影像容易被识别，如图 4.28 所示。

③ 海绵状缩松。由相互连接的小孔洞系构成，在射线照片上呈现为云雾状影像，正如天空中的云和空气中的雾，整个影像有的地方黑度大些，有的地方黑度小些，黑度自然过渡，没有明显的分界，也没有明显的边界轮廓，但总有一定的面积分布，如图 4.29 所示。

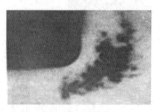　　

图 4.27　一般缩孔　　　　　图 4.28　纤维状缩孔　　　　　图 4.29　海绵状缩松

④ 层状疏松。在镁合金中，细小的孔洞系常形成层状分布，在射线照片上呈现为条纹状影像，条纹的黑度不大，一般多条同时出现，并具有整体相同的走向，如图 4.30 所示。

⑤ 分散状疏松。细小、连接的孔洞，常集中分布在铸件的某个范围内，在射线照片上

呈现的影像为小长条状的网纹影像，如图 4.31 所示。

⑥　一般疏松。细小、分立的孔洞，分布在铸件的整个厚度范围内，在射线照片上呈现的影像与铸件厚度有关。对薄的截面，可显示为细的网纹影像；对厚的截面，由于孔洞相互重叠，因此将显示为模糊的暗斑。可分布在铸件的中心区，显示为模糊的团状暗斑，常称为中心疏松。

（2）气孔

气孔是铸件中最常见的缺陷之一，在铸件的废品中，由气孔导致的质量问题约占三分之一。气孔是气体在铸件中形成的孔洞，气孔的存在破坏了铸件金属的连续性，减小了承载截面面积，造成局部应力集中，降低了铸件的性能，特别是降低了铸件的冲击韧度和疲劳强度。

按照产生原因，气孔可分为侵入气孔、析出气孔等。

侵入气孔是在浇注的过程中，铸型中的黏结剂、水分等产生汽化、燃烧或分解，产生的气体同型腔中未逸出的气体等进入金属溶液内部，在金属内部形成气孔。侵入气孔的体积一般较大，多分布在铸件上表面附近。

析出气孔是溶解在金属溶液中的气体，在冷却和凝固过程中，由于温度降低或外界压力降低，溶解度降低，而从金属溶液中析出，这些析出的气体由于受到型芯的阻挡，或因金属溶液温度降低、黏度增大而难以上浮排出，便被留在铸件内形成气孔。

气孔在射线照片上常见的形态主要有两种。①气孔，在射线照片上呈现为孤立的或成群的圆形、椭圆形和梨形的暗斑，轮廓光滑，影像鲜明，整个影像黑度较大，无明显变化，如图 4.32 所示，较大的气孔很容易识别。②针孔，是铸件中散布比较均匀的细小气孔，或者出现在整个铸件中，或者集中出现在铸件的某个区域。在射线照片上呈现为均匀散布的暗点状影像，如图 4.33 所示，在铸件截面厚度较小时，影像清晰；在截面厚度较大时，影像模糊，这时由于气孔在厚度方向上叠加，影像可转换为尖点状或近圆点状。如果厚度大，影像将变成模糊的云片状形貌。

图 4.30　层状疏松　　　　　图 4.31　分散状疏松　　　　　图 4.32　铸件中的气孔

（3）裂纹

裂纹是危险性的缺陷，使铸件的强度大大降低，在使用中裂纹可能不断扩展，造成铸件破坏。铸件在凝固末期和常温的冷却过程中的收缩可能受到两个方面的阻碍：一是由于铸件本身具有一定的结构，各部分冷却程度不同，因此各部分的收缩将相互制约；二是铸型、型芯及铸件自身的厚度、长度和形状具有一定的可退让性，也会阻碍铸件的收缩。这些阻碍作用将导致在铸件中产生应力，引起开裂。

铸件中出现的裂纹可分为两类：热裂纹和冷裂纹，两者的产生原因和特点不同，在射线照片上的影像也具有不同的特征。①热裂纹，是高温液态金属凝固时，由于收缩应力超过了金属当时的强度或变形超过了金属的塑性而产生的裂纹，主要出现在铸件的拐角处、截面厚度突变处、最后凝固处。在射线照片上呈现为不规则的黑线状影像，通常中间宽两端细，末端多为尖状。黑线常为波折状，有时可形成分叉，如图4.34所示。②冷裂纹，是铸件在较低温度下，由于铸造应力超过了合金的强度极限而产生的裂纹，主要出现在铸件收缩中处于拉伸的部位和应力集中的部位。在射线照片上，典型的影像是微弯、平滑的直线状黑线，尾端细尖，如图4.35所示，与热裂纹的影像具有明显的区别。

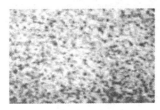
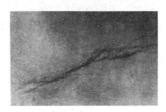

图4.33　针孔　　　　　图4.34　热裂纹　　　　　图4.35　冷裂纹

（4）夹杂物

夹杂物是铸件中含有的成分与基本成分不同的各种金属性异物和非金属性异物。

金属性异物称为金属夹杂物，主要来源于金属溶液与炉衬和工具等接触过程中发生的各种物理反应与化学反应的产物，此外也来源于人为因素，如混料等。

非金属性异物称为非金属夹杂物，来源于金属溶液内部反应的产物和熔炼过程中形成与分离出来的浮渣、熔剂残渣、脱落的铸型材料等。非金属性异物常是氧化物、硫化物、碳化物和硅酸盐等，但主要是氧化物。这些夹杂物多浓集于铸件的某个部位，如铸件的上表面和内浇口附近等。

夹杂物在射线照片上有三种常见的形态：①金属夹杂物，是混杂在铸件金属溶液中的其他种类金属块，因此具有一定的几何形状，当考虑到金属夹杂物与铸件的密度差异、原子序数的大小时，影像可能呈现为比背景黑度低或高的黑度，影像常具有片状形象，整个影像的黑度比较一致；②夹渣，是炉渣和氧化物等，化学成分复杂，形状极不规则，大多集中在铸件的某个部位，以比较密集或分散的状态出现。在射线照片上，其影像的基本形貌是在一定范围内分布的小颗粒状黑斑。颗粒的大小不同、形状不同，常呈现为小片状影像，影像的轮廓比较清楚，影像的黑度与背景黑度相差较大，如图4.36所示；③砂眼，是充塞型砂的孔洞，是由于铸型受到冲刷，型砂脱落并残留在铸件中造成的缺陷，在射线照片上其整体影像的形状可能极不规则，但影像黑度具有颗粒状特征，特别是在影像边缘区，这种特征更明显。

（5）冷隔

在铸件中金属流汇合处，如果金属溶液熔合不完善或金属溶液不连续，那么在铸件中将产生穿透或未穿透的缝隙，这就是冷隔，如图4.37所示。产生冷隔的主要原因是金属溶液温度低、铸型表面或冷铁激冷过度、充型速度不正确、浇注系统不合理等。冷隔主要出现在铸件远离浇口的宽大表面处和薄壁处。

由于冷隔所形成的缝隙常具有圆角，因此在射线照片上常呈现为宽度比较均匀、缺少变化，且平滑的条状黑线影像。线条的宽度显得比较大，在宽度方向上，黑度也有所变化。

（6）偏析

铸件凝固后出现的化学成分不均匀性称为偏析，即在局部区域某种合金成分过多或过少。偏析可分为一般偏析、局部偏析和带状偏析三种。一般偏析集中在很小的局部，形成大量的很小区域的偏析，在射线照片上呈现为絮状形貌的影像。带状偏析是指不同合金成分以层状交替分布在铸件中，主要发生在离心铸造过程中。一般偏析和带状偏析在一般情况下都被认为不是缺陷。局部偏析（或称为集中偏析）是缩孔和热裂纹的整体或局部被低熔点的合金成分填充，所以也分别称为收缩偏析和热裂偏析。在射线照片上其影像呈现为黑度远小于背景黑度的裂纹状形态，所以很容易识别，也常称白裂纹，如图 4.38 所示。有些收缩偏析同时含有夹渣。

 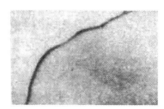 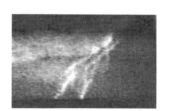

　　图 4.36　铸件中的夹渣　　　　　　图 4.37　冷隔　　　　　　图 4.38　局部偏析

4.4　工业计算机断层扫描技术

4.4.1　工业 CT 概述

常规射线照相法只能提供定性信息，不能用于检测试件尺寸、缺陷方向和大小，而且存在三维试件二维成像、前后缺陷重叠的缺点。工业计算机断层扫描（Computed Tomography，CT），简称工业 CT，是一种依据多个角度投影数据重建试件内部结构图像的无损检测技术。工业 CT 能更精确地检测出材料和构件内部的细微变化，消除常规射线照相法可能导致的失真和影像重叠，并且大大提高了空间分辨率和密度分辨率。

工业 CT 是在 20 世纪 80 年代发展起来的先进无损检测技术，工业 CT 不受被检测试件的材料种类、形状结构等因素的限制，且成像直观、分辨率高，尤其在检测复杂的构件方面显示出特有的优势，检测对象为从几毫米的陶瓷零件到直径为数米、重达几十吨的大型航天产品。

我国是从 20 世纪 80 年代初期开始研究工业 CT 的。20 世纪 90 年代中期以来，我国的一些科研单位开展了工业 CT 的试验和应用研究，已成功用于产品的缺陷检测、尺寸测定和结构分析等，在精密铸件、焊接件检测及反馈工程等方面已取得应用成果。目前，工业 CT 是公认的最有效的无损检测手段之一，与其他无损检测技术相比，具有成像直观、密度分辨率高、不受试件几何结构限制等优点，使长期以来困扰无损检测人员的缺陷空间定位、深度定量及综合定性问题有了更直接的解决途径。工业 CT 在航空航天、兵器、电子、汽车制造、材料研究、海关、考古等领域得到广泛应用。

工业 CT 的主要技术特点如下：①工业 CT 给出试件的断层扫描图像，能给出被检测试件的二维或三维图像，从图像上可以直观地看到检测目标细节的空间位置、形状和大小，目标不受周围细节特征的遮挡，图像容易识别和理解；②工业 CT 具有突出的密度分辨能力，高质量的 CT 图像中的密度分辨率可达 0.1%甚至更小，比常规射线技术高一个数量级；③工业 CT 具有较高的空间分辨率和较大的动态范围；④工业 CT 图像是数字化的结果，从中可直接得到像素值、尺寸甚至密度等物理信息，数字化的图像便于存储、传输、分析和后续处理。

4.4.2　工业 CT 成像原理

工业 CT 的物理原理与医用 CT 相似，基于射线与物质的相互作用原理。如图 4.39 所示，假设输入的 X 射线是单能的，I_0 是入射 X 射线强度，I 是出射 X 射线强度，L 是物质厚度，物质均匀，μ 是物质的线吸收系数，则有 $I = I_0 \mathrm{e}^{-\mu L}$。若穿过非均匀物质，$\mu_1, \mu_2, \cdots, \mu_i$ 为不同物质的线吸收系数，如图 4.40 所示，则有 $I = I_0 \mathrm{e}^{-l(\mu_1 + \mu_2 + \cdots + \mu_i)}$，进而可得，$\ln(I_0 / I) / l = \mu_1 + \mu_2 + \cdots + \mu_i$，其中，$I_0$ 及 l 都为已知量，I 为测得值，也是已知的，$\mu_1, \mu_2, \cdots, \mu_i$ 是未知量。

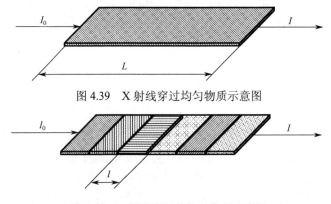

图 4.39　X 射线穿过均匀物质示意图

图 4.40　X 射线穿过非均匀物质示意图

对于被检测试件的断层，实际上是一个有一定厚度的薄片体，在射线照射时，认为该薄片体是由 $M \times N$ 个体素组成的物体，每个体素对应一个线吸收系数 μ_i 值。若想得到一幅 $M \times N$ 像素组成的图像，显然要有 $M \times N$ 个独立的方程才有可能解出线吸收系数矩阵内每点的 μ_i 值。工业 CT 通过扫描探测可得到 $M \times N$ 个射线计数和（I 值），当射线从各个方向透射被检测试件时，得到所需的计数和，利用计算机按照一定的图像重建算法，即可重建出具有 $M \times N$ 个 μ_i 值组成的二维灰度图像，完成工业 CT 的基本功能。

现设有一被检测试件的矩形断面，断面上的线吸收系数分布用 $\mu(x, y)$ 描述，射线束是平行等距的 n 条射线。当这 n 条射线穿过此矩形断面时，线吸收系数的分布被离散化，按 $n \times n$ 个单元分布，如图 4.41 所示。矩形断面上的线吸收系数分布被分成 n 行和 n 列，共 $n \times n$ 个单元。为了获得 $n \times n$ 像素构成的线吸收系数分布图像，需在 n 个方位上投影，每个方位上有 n 条射线。例如，在方位 1，有射线 R_{1i} 穿过线吸收系数分别为 $\mu_{i1} \sim \mu_{in}$ 的各单元，沿该射线的线吸收系数计数和为 P_{1i}，并由探测器测得。

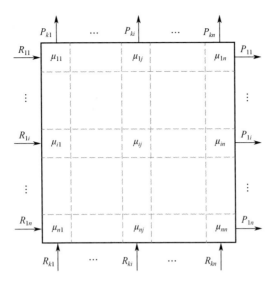

图 4.41　不同方位射线束穿过矩形断面的示意图

在图 4.41 中，R_{1i} 和 R_{ki} 分别为投影方位 1 和方位 k 上的射线束，由 n 条射线组成，P_{1i} 和 P_{ki} 分别为方位 1 和方位 k 上的线吸收系数计数和，可由探测器测得，μ_{ij} 为断面各处的线吸收系数，为待求的未知量。在方位 1 有如下关系

$$\begin{cases} \mu_{11} + \mu_{12} + \cdots + \mu_{1j} + \cdots + \mu_{1n} = P_{11} \\ \mu_{21} + \mu_{22} + \cdots + \mu_{2j} + \cdots + \mu_{2n} = P_{12} \\ \qquad\qquad\qquad \vdots \\ \mu_{i1} + \mu_{i2} + \cdots + \mu_{ij} + \cdots + \mu_{in} = P_{1i} \\ \qquad\qquad\qquad \vdots \\ \mu_{n1} + \mu_{n2} + \cdots + \mu_{nj} + \cdots + \mu_{nn} = P_{1n} \end{cases} \qquad (4.2)$$

若令与方位 1 垂直的方位为方位 k，则有

$$\begin{cases} \mu_{11} + \mu_{21} + \cdots + \mu_{j1} + \cdots + \mu_{n1} = P_{k1} \\ \mu_{12} + \mu_{22} + \cdots + \mu_{j2} + \cdots + \mu_{n2} = P_{k2} \\ \qquad\qquad\qquad \vdots \\ \mu_{1i} + \mu_{2i} + \cdots + \mu_{ji} + \cdots + \mu_{ni} = P_{ki} \\ \qquad\qquad\qquad \vdots \\ \mu_{1n} + \mu_{2n} + \cdots + \mu_{jn} + \cdots + \mu_{nn} = P_{kn} \end{cases} \qquad (4.3)$$

同理可得其余方位的投影。方程组中，所有 μ 为待求变量，所有 P 为测得的已知常数。只有建立关于 μ 的 $n \times n$ 个独立方程，才可求出所有 μ，并得到该矩形断面上线吸收系数的二维分布，以亮度线性地表示 μ 值即可显示出关于 μ 的二维分布图像，此为 CT 重建图像。

该矩形断面被分割成 $n \times n$ 个单元，每个单元内线吸收系数的细微变化被平均，故 CT 重建图像不能反映各单元内的细节。为了提高细节分辨力，即空间分辨力，要求 n 应足够大，单元被分割得应尽可能小。

4.4.3　工业 CT 的扫描方式

（1）第一代工业 CT

第一代工业 CT（平移加旋转扫描方式）由一个 X 射线管和一个晶体探测器组成，由于 X 射线束被准直器准直为铅笔芯粗细的笔形线束，故又称笔形束工业 CT。X 射线管与探测器连为一体，X 射线管产生的笔形线束穿过试件照射到与其相对的探测器上，X 射线管和探测器先做同步直线平移扫描运动，如图 4.42 所示。例如，在获得 240 个透射测量数据后，X 射线管和探测器停止平移，再环绕试件中心旋转 1°，做与上次方向相反的直线扫描运动。获得 240 个透射测量数据后停止平移，再旋转 1°，重复上述过程，直到 180°，得到 180 组由 240 个透射测量数据组成的平行投影值，即完成了数据的采集过程，用于图像重建的数据个数为 180×240 个。

第一代工业 CT 的缺点是：X 射线利用率很低；扫描时间长，检查一个层面需用 3～5min。因扫描速度慢，且采集的数据少，故重建的图像质量较差。

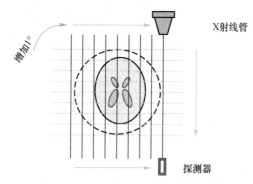

图 4.42　第一代工业 CT 扫描原理图

（2）第二代工业 CT

第二代工业 CT（平移加旋转扫描方式）与第一代工业 CT 没有质的区别，是在第一代工业 CT 的基础上，将单一笔形线束改为扇形线束，探测器由单个探元改为多探元的线阵探测器，如图 4.43 所示。由于 X 射线束为 5°～20° 的小扇形束，所以又称小扇束工业 CT。每次平移扫描后的旋转角由 1° 提高到一个扇束角，这样旋转 180° 时，扫描时间缩短到 60～120s。为了提高图像质量，也有的采用 240°、360° 平移加旋转扫描方式，这种工业 CT 相对第一代工业 CT 的各项指标均有提高。第一代工业 CT 和第二代工业 CT 的主要缺点是扫描过程对机械运动的精度要求苛刻。

（3）第三代工业 CT

第三代工业 CT（旋转扫描方式）的扇形角较大（30°～45°），可包含整个试件扫描层面，所以又称广角扇束工业 CT，探测单元增加到 300～4000 个，逐个依次无空隙地排列，如图 4.44 所示。扫描时，试件无须再做直线平移运动，仅做连续旋转运动即可，因此，大大缩短了扫描时间。第三代工业 CT 的优点是：结构较简单，使用操作方便，可获得较理想的工业 CT 图像。

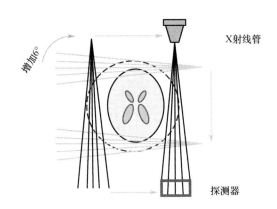

图 4.43　第二代工业 CT 扫描原理图

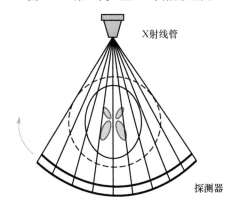

图 4.44　第三代工业 CT 扫描原理图

（4）第四代工业 CT

第四代工业 CT（锥束扫描方式）使用面阵探测器代替线阵探测器，使用锥束扫描代替扇束扫描，如图 4.45 所示。同二维的扇束、平行束相比，三维锥束 CT 的 X 射线利用率更高，需要的扫描时间更短；与二维扇束 CT 相比，三维锥束 CT 具有同时扫描数百个乃至上千个断层的能力，并能获得各向（X 轴方向和 Y 轴方向）均匀、高精度的空间分辨率。三维锥束 CT 的解析重建算法在数学计算上比较复杂，由于其运算量较大，工程上实现起来有一定的困难，但是近几年随着硬件和算法的快速发展，锥束 CT 变得越来越普及，并被广泛地应用于各个行业。由于二维扇束 CT 在高度方向的分辨率很低，因此无法用于逆向工程和快速原型制造。

（5）第五代工业 CT

第五代工业 CT 是一种多源多探测器，用于实时检测与生产控制系统。图 4.46 所示为一种钢管生产在线检测与控制壁厚的 CT 系统。射线源与探测器分别间隔 120° 分布，射线源与探测器间没有相对运动，仅有管子沿轴向的快速分层运动。

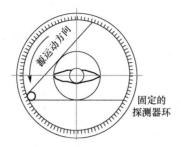 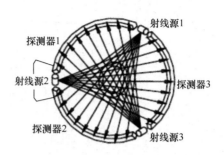

图 4.45　第四代工业 CT 扫描原理图　　图 4.46　第五代工业 CT 扫描原理图

（6）螺旋 CT

目前，该技术主要用于医疗领域，其扫描方式就是射线源与探测器同步旋转，被检测对象沿轴向平移运动，这样合成扫描轨迹就相当于被检测对象静止，探测器和射线源沿螺旋轨迹运动，如图 4.47 所示。该扫描方式可以大大减小病人承受的辐射剂量，也保证了基于完备投影数据的精确重建。

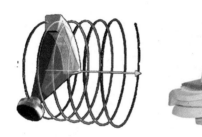

图 4.47　螺旋 CT 扫描原理图及实物图

4.4.4　工业 CT 扫描系统的组成与功能

工业 CT 由射线源、数据采集系统、滤波装置、准直器、计算机系统等组成。

（1）射线源

射线源包括 X 射线管、冷却系统、高压系统。

X 射线管：产生 X 射线的器件，由阴极、阳极和真空玻璃管（或金属管）组成。X 射线管分固定阳极管和旋转阳极管两种。安装固定阳极管，其长轴与探测器平行；安装旋转阳极管，其长轴与探测器垂直。固定阳极管主要用于第一、第二代工业 CT，扫描时间长、产热多，采用油冷或水冷强制冷却。第三、第四代工业 CT 多采用旋转阳极管，因扫描时间短，故要求管电流较大，一般为 100～600mA，采用油冷方式。旋转阳极管的焦点小，要求热容量大，寿命较长，扫描可达 2 万次以上。

冷却系统：一般扫描架内有两个冷却电路，即 X 射线管冷却电路和电子线路的冷却电路。无论是旋转阳极管还是固定阳极管，在扫描过程中均会产生大量的热，会影响电子的发射，更为严重的是靶面龟裂，影响到 X 射线质量，所以冷却是必需的。

高压系统：包括高压发生器和稳压装置。高压发生器包括连续 X 射线发生器和脉冲 X 射线发生器，工业 CT 对高压的稳定性要求很高，电压波动会影响 X 射线能量，而 X 射线能量与物质的线吸收系数 μ 密切相关，CT 图像是利用计算机求解线吸收系数而重建出来的，显然电压的波动会影响图像质量。一般来说，工业 CT 的精度要求在 0.5%以下，这就要求高压发生器的高压稳定度必须在千分之一以下，纹波因素为万分之五，因此，任何高压系统都必须采用高精度的反馈稳压措施。现在新机型多采用高频逆变高压技术，该技术的电压一致性好，稳定，纹波干扰小，图像分辨率高。

（2）数据采集系统

数据采集系统包括探测器、高速高精度模数转换装置、数据传输/缓冲装置等。探测器是工业 CT 的核心部件，其性能对图像质量的影响较大。探测器的主要性能包括效率、尺寸、线性度、稳定性、响应时间、动态范围、通道数量、均匀一致性等。工业 CT 一般使用数百个到上千个探测器，排列成线状，探测器越多，每次采样的点数也越大，有利于缩短扫描时间，提高图像分辨率。

工业 CT 常用的探测器有三种：闪烁体光电倍增管探测器、闪烁体光电三极管探测器和气体电离探测器。采集信号的方法有光子计数法和电流积分法两类。光子计数法适用于射线强度较低的场合。射线强度增大时，光子计数法不能区分射线光子产生的单个脉冲，因此可采用电流积分法。闪烁体光电倍增管探测器既可采用光子计数法，也可采用电流积分法，另外两种探测器因信号弱只能采用电流积分法。

高速高精度模数转换装置将探测器中存储的数据高速读入计算机内。根据工业 CT 扫描要求，在自动控制系统的同步控制下，对来自探测系统的信号进行信号整理、转换、数据采集及缓存，并传输给图像处理系统，进行图像的重建与分析。数据采集系统同时实现人机操作界面、系统自检自诊断、状态监控及系统运行管理。

（3）滤波装置

具有一定能量的电子接近靶原子核附近时，在核电场力的作用下会改变运动的速度和方向，电子会因能量的减小而离开碰撞点，由于每个电子的能量并不一定相等，碰撞方式不相同，因此转换为光子的能量也不相等，X 射线是不同波长形成的连续光谱。而工业 CT 扫描要求 X 射线束为能量均匀的硬射线，所以对发出的 X 射线必须进行过滤。滤过器的功能：第一，吸收软射线；第二，使 X 射线束变为能量分布均匀的硬射线。

（4）准直器

在 X 射线管保护套里有阳极靶面，X 射线束仅从窗口射出，工业 CT 扫描仅需要非常小的扇形放射源，且能够调节 Z 轴方向的厚度，以得到不同的扫描层厚，并抑制散射线，提高图像质量。如图 4.48 所示，工业 CT 一般有两套准直器：一套在 X 射线管侧，称前准直器，用来控制射线源；另一套在探测器一侧，称后准直器。在扫描控制电路的控制下，根据主计算机指令，前准直器在 Z 轴方向可有 1mm、2mm、5mm、8mm 的层面宽度和 10mm 的标准宽度，其他层面宽度为 3mm、6mm、7mm、9mm，能够被选择。前准直器在 X 轴方向（垂直于中心射线方向）的长度决定射线束的扇形角度。后准直器主要起到减少散射线、减小读数误差、与前准直器配合、完成控制切片厚度的作用。控制准直器的要求是：前、后准直器在 Z 轴方向绝对平行，扇形束必须覆盖探测器的所有探元。第三代工业 CT 以后，焦点尺寸很小，经过滤器和前准直器的调整，X 射线束具有很好的方向性。探测器窗口很小，中心射线以外的散射线很难到达探头。

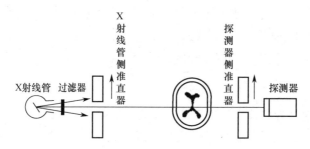

图 4.48　准直器示意图

（5）计算机系统

工业 CT 的进步与计算机的发展紧密相关。工业 CT 的计算机系统由主计算机和阵列处理器两部分组成。主计算机是中央处理系统，它与 MCU（微控制器单元）等各部分利用输入/输出（I/O）接口，通过数据系统总线进行双向通信，从而控制工业 CT 整个系统的正常工作。其主要功能有：①扫描监控，存储扫描所输入的数据；②工业 CT 的校正和输入数据的扩展，即进行插值处理；③图像的重建控制及图像后处理；④工业 CT 的自身故障诊断。

工业 CT 扫描速度快、数据量大、成像质量要求高，并要求实时重建，普通计算机难以完成这项工作，因此必须由专用的数据处理设备——阵列处理器来完成。高速阵列处理器与主计算机相连，在主计算机的控制下进行高速数据运算，本身不独立工作。

无论是主计算机还是阵列处理器，其运行必须由软件支持，在工业 CT 的计算机系统中，最基本的软件功能是控制工业 CT 进行扫描，然后把探测器所获得的数据进行重建，在显示器上显示出图像。

图 4.49 是工业 CT 在工业中的应用实例。

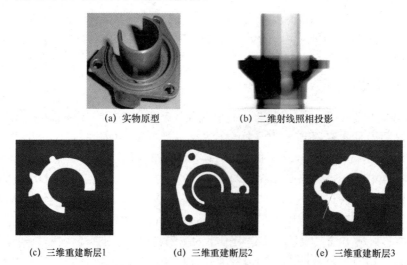

(a) 实物原型　　　　(b) 二维射线照相投影

(c) 三维重建断层1　　　(d) 三维重建断层2　　　(e) 三维重建断层3

图 4.49　工业 CT 在工业中的应用实例

4.5　中子射线照相检测技术

4.5.1　中子射线照相检测原理

中子射线照相检测与 X 射线、γ 射线照相检测类似，都利用这些射线对物质有很强穿透力的特性，实现对物质的无损检测。因为中子射线对大多数金属材料具有比 X 射线和 γ 射线更强的穿透力，对含氢材料表现出很强的散射性能，所以中子射线照相检测具有许多 X 射线照相检测和 γ 射线照相检测没有的特点，从而成为射线照相检测技术的重要组成部分。中子射线照相检测技术的发展开辟了射线照相检测的新领域，进一步扩大了射线照相检测在无损检测中的应用范围。在无损检测领域，中子射线照相检测已作为一种常规的检测方法被确立，并发挥着十分重要的作用。近年来，中子射线照相检测在航空航天、化工、冶金和核工业等领域的产品质量控制中，以及在科学研究中都得到了广泛应用。在我国，中子射线照相检测技术的研究是从 20 世纪 70 年代中期开始的。一些单位的中子射线照相工作者分别在各自的重水堆或池式研究堆上建立了中子射线照相检测装置，对中子射线照相检测的技术细节进行了试验研究，获得了较好的效果。目前，该技术在高灵敏度转换屏的研制、成像技术的研究及提高检测精度等方面，都取得了很好的进展。随着我国工业科学技术的发展，中子射线照相检测技术将会获得更加广泛的应用。

中子的基本性质及与物质的作用特点决定了中子射线照相检测的原理。中子射线穿过物质时，与核外电子几乎不发生作用，主要与原子核发生作用，因此某些轻元素，如氢、硼，质量吸收系数特别大，而重金属元素，如铀、铅，质量吸收系数较小。

中子射线照相检测的原理是：利用发射角很小的均匀的准直中子束垂直穿透被检测试件。由于中子不带电荷，在穿透试件时，与原子壳层电子不存在电子库仑力作用，而是穿过电子层，直接击中原子核发生核反应。核反应越强烈，中子强度衰减得越大，具体衰减程度与物质内部单位体积内核素性质、种类、密度、厚度等因素有关，从而使穿透中子束的强度变化与被检测试件内部结构相对应，形成中子束强度分布图像。

4.5.2　中子射线照相检测装置

中子射线照相检测装置主要包括中子源、慢化剂、γ 射线的过滤与衰减装置、准直器、图像探测器等。

（1）中子源

当高能粒子轰击原子核时，原子核发生"破裂"而不断放出中子、质子、α 粒子和 β 粒子或 γ 射线。一般来说，自然界不存在自由中子，即使是裂变或衰变时放出的自由中子，其寿命也很短，通常只有 10s 左右。

目前，能产生自由中子的中子源或装置有 5 种，即放射性同位素中子源、加速器、核反应堆、次临界装置和中子管。上述中子源发射的中子，其能量一般大于 1MeV。经过慢化（减速）或过滤，可以获得不同能量的中子。按其能量区间来划分，可以分为冷中子、热中子、超热中子、中能中子和快中子等。

　　各种能区的中子都可以用作中子射线照相检测的中子源，而且各有不同的特点和用途。到目前为止，热中子照相检测技术最为成熟，应用也最广。因为热中子与物质的反应截面面积较大，所以灵敏度较高，在技术上也容易实现。

　　（2）慢化剂

　　从各种中子源射出快中子的能量高达数百万电子伏，这些快中子的特点是穿透能力强，与物质的反应截面面积小，中子射线照相检测的速度慢。所以要获得热中子束，必须首先将快中子慢化（减速）为热中子和超热中子。一方面可增大与物质的反应截面面积，提高照相速度；另一方面，可以减小快中子散射引起的次级 γ 射线的干扰，提高照相的质量。

　　中子的慢化一般采用对中子散射截面面积大、原子序数较小而吸收截面面积极小的轻材料组成的所谓的"慢化剂"来实现，如石墨、金属铍、石蜡和聚乙烯等。当中子穿透此类物质时，中子与物质的原子核发生弹性碰撞或非弹性碰撞而损失能量，使中子的速度降低，所以，一些高含氢材料常常用作中子的慢化剂。但氢的热中子吸收截面面积比碳和铍要大得多，而且铍的价格昂贵，因此，在需要充分慢化，即取得高度慢化的"热中子场"的场所，除用一部分含氢物质外，大多用石墨作为中子的慢化剂。

　　（3）γ 射线的过滤与衰减装置

　　从不同中子源射出的中子束大多含有不同强度的寄生 γ 射线。在中子慢化过程中，又会产生不同强度的次级 γ 射线，这对中子射线照相质量起着严重的干扰作用，会降低照相灵敏度和清晰度，因此，必须对 γ 射线进行适当的过滤与衰减。衰减一般采用对热中子的吸收截面面积很小的重材料，如铅和铋等，作为 γ 射线的阻挡层。在适当的阻挡层厚度下，可使 γ 射线的强度大为降低，而热中子强度的损失很小，即可使中子与 γ 射线强度之比达到一个最佳值。

　　（4）准直器

　　中子源射出的热中子必须减速，再准直。在热中子射线照相检测中，良好的准直效果可同常规射线照相检测的小焦点尺寸相当。准直器的准直效果好，所获得的图像就清晰，但是，中子强度随准直程度的提高而减小。

　　经过慢化剂和 γ 射线过滤器射出的中子是大体积的面源，各点的注量率不同，向 2π 立体角方向发散，用这样的中子去穿透物质时，透射中子杂乱无章，不能成像。准直器的作用是把中子的入射方向限制在一个狭窄的范围内，以形成较好的影像。

　　（5）图像探测器

　　中子的特点是只与原子核发生作用，而不与壳层电子发生作用，因此中子本身几乎不能使胶片感光，不能用 X 射线胶片直接成像法来显示中子射线图像，往往需要通过转换屏来实现。转换屏在中子的照射下可以发射 α、β 或 γ 等射线，利用这些射线可使胶片感光，记录透射中子分布图像，完成中子射线照相检测。根据转换屏的不同，中子射线照相检测方法分为直接曝光法和间接曝光法。

　　① 直接曝光法。胶片与转换屏同时装入暗盒并置于中子束中进行透照，吸收热中子

后发出瞬时辐射，使胶片曝光，胶片直接记录转换屏在中子照射下所产生的瞬时图像，如图 4.50 所示，即将屏连同射线胶片贴在一起，置于压紧型或真空型暗盒内，置于中子束中一起曝光。

直接曝光法的照相速度较快，往往在 0.5h 内就可以获得最后结果。其缺点是中子束中的寄生射线会直接干扰中子图像，影响照相质量。

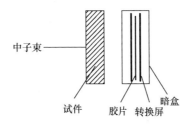

图 4.50　直接曝光法示意图

② 间接曝光法。试件与转换屏在中子束照射后，在转换屏中形成试件的放射性影像。透照后，在放出的射线达到一定强度后将转换屏移至暗盒中，置于胶片上使胶片感光，形成试件的射线照相影像，如图 4.51 所示。间接曝光法特别适用于放射性物质的射线照相。在此方法中，由于 α 射线、β 射线和 γ 射线不能激活转换屏，所以不但消除了中子束中寄生 γ 射线的干扰，而且消除了被照射物质自身放出的 α 射线、β 射线和 γ 射线对图像的干扰。

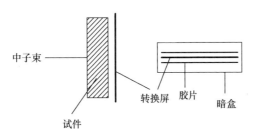

图 4.51　间接曝光法示意图

间接曝光法大多用于中子源强度适中、中子注量率与 γ 射线比值较小及具有放射性的物质的中子射线照相检测中。其缺点是速度慢，因为既要对转换屏照射，又要转移到暗盒内对 X 射线胶片曝光，所以，转移技术必须把握两个环节，即转换屏必须获得足够大的活度及转换曝光中 X 射线胶片必须获得足够大的曝光量，二者都必须满足技术要求。

中子射线照相检测的局限性主要在于射线源。从中子射线照相检测来说，要求中子射线强度大，射线束质量高，便宜、方便、操作灵活等。由于射线强度大的源是核反应堆，因此其投资大，笨重，无法用于现场；而小型加速器、中子管、同位素中子源等虽然灵巧、方便，但强度不够大。

4.5.3　中子射线照相检测的特点及应用

中子射线照相检测与 X 射线、γ 射线照相检测的区别是：中子射线穿过试件时，线吸收系数与被检测试件中特定元素的关系远大于其与材质密度、原子序数的关系。因此，中子射线照相检测可检测 X 射线、γ 射线不能或难以检测的材料和结构。同样，对于 X 射线、γ 射线不能获得明显反差的低密度材料，采用热中子检测法可以获得良好的反差。中子射线照相检测是常规射线照相检测的重要补充。中子射线照相检测在无损检测中具有下列 X 射线照相检测和 γ 射线照相检测不具备的特征与功能。

① 一般来说，普通金属与中子的核反应截面面积较小，而大多数轻材料是碳氢化合物，氢原子对中子具有较大的散射截面面积，使中子的穿透强度大为减弱。因此，当需检测重金属内所含轻材料的分布和状态时，中子射线照相检测可以实现较高的灵敏度。

② 可用于检测与鉴别同位素。同位素的物理性能和化学性能略有差别，原子序数相同，但同位素之间的核反应截面面积相差百倍，所以用中子射线照相检测技术可以鉴别同位素。

③ 在放射性物质中，除少数几种元素能直接放出高能中子外，其余大多数放出 α 射线、β 射线和 γ 射线，而 α 射线、β 射线、γ 射线和 X 射线一样，对 X 射线胶片有很强的感光效应。所以，对放射性物质进行 X 射线或 γ 射线照相时，物质自身放出的射线可直接在胶片上感光，造成干扰。而中子射线照相检测可采用对中子反应截面面积较大的半衰期稍长的转换屏来记载中子图像，从而把所有的 α 射线、β 射线和 γ 射线消除，实现纯中子透视图像的记录和显示。

④ 原子序数或密度的变化是 X 射线照相检测的依据，但在中子射线照相检测中，原子序数即使差异很小，甚至是相邻的两个原子或元素，两者的中子反应截面面积也仍然有很大的差别。例如，用中子射线照相检测来检测石墨中的含硼量及其分布，将会达到很高的精度。

中子射线照相检测技术的主要缺点是：中子源价格昂贵，体积较大，使用时需特别注意中子的安全与防护问题。

中子射线照相检测和 X 射线照相检测两种方法的选用，要由被检测试件的具体情况（如材料组成、厚度）和检测要求（如缺陷的类型、检测目的）等来决定。对同一试件的检测结果对比如图 4.52 所示。

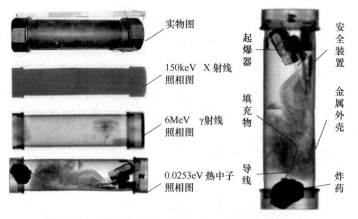

图 4.52　哑弹的热中子、X 射线、γ 射线检测对比图

中子射线照相检测具有其他无损检测技术无法替代的特点，在材料的非破坏性检测中可作为 X 射线照相检测和 γ 射线照相检测的补充，在军事、核工业、航天、飞机制造、农

业和医学等领域都得到广泛应用。①能够穿透重金属元素材料检测。对于大部分重金属元素，如铅、铋、铀，质量吸收系数小。②高密度材料中的低原子序数物质检测。用中子射线照相检测可以检测铁外壳内含氢物体的结构、焊锡丝中助焊剂的情况等。③中子射线照相检测常用于放射性材料的检测，而常规射线照相检测无能为力。如核工业中核燃料元件棒的热检测，或检测燃耗和燃料内部状况。④检测原子序数相近或同一元素的不同同位素。

习题 4

1. 简述什么是几何不清晰度，以及如何改善几何不清晰度。
2. 简述什么是半厚度。
3. 简述 X 射线照相检测原理。
4. 提高 X 射线照相检测图像对比度的措施有哪些？
5. 改善 X 射线照相检测图像随机噪声的措施有哪些？

第 5 章　涡流检测

5.1　涡流检测的物理基础

5.1.1　涡流检测概述

涡流检测是常规的无损检测技术之一，是以电磁感应原理为基础，依据材料电磁性能的变化来对材料及构件实施缺陷检测和性能测试的电磁检测方法。

涡流检测的基本原理可以描述为：当载有交变电流的检测线圈靠近导体试件时，线圈产生的交变磁场会在导体中感生出涡流。涡流的大小、相位及流动形式受到试件性能及有无缺陷的影响，而涡流的反作用磁场又使线圈的阻抗发生变化，如图 5.1 所示。因此，通过测定检测线圈阻抗的变化，可以推断出被检测试件性能的变化及有无缺陷。

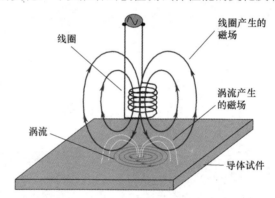

图 5.1　涡流检测的基本原理示意图

涡流检测是以研究涡流与试件的相互关系为基础的一种常规的无损检测技术。涡流检测的优点如下。

① 检测线圈不需要接触试件，检测时不需要耦合剂，对管材、棒材、线材的检测易于实现自动化；也可在高温下进行检测，或对试件的狭窄区域及深孔壁等检测线圈可到达的深远处进行检测。

② 对试件表面及近表面的缺陷有很高的检测灵敏度。

③ 采用不同的信号处理电路抑制干扰，提取不同的涡流影响因素，涡流检测可用于电导率测量、膜层厚度测量及金属薄板厚度测量。

④ 由于检测信号是电信号，因此可对检测结果进行数字化处理，然后存储、再现及对数据进行处理和比较。

涡流检测的局限性如下。

① 只适用于检测导电材料或能感生出涡流的材料。

② 由于存在涡流趋肤效应的影响，因此只适用于检测导电材料表面及近表面的缺陷，

不能检测导电材料深层的内部缺陷。

③ 涡流效应的影响因素有很多，需要特殊的信号处理。

④ 涡流检测对形状复杂的试件进行检测时的效率很低。

⑤ 涡流检测时难以判断缺陷的种类和形状。

⑥ 涡流检测的可检测性与缺陷的取向有关。当缺陷的取向平行于涡流的流动方向时，该缺陷的可检测性最低，当缺陷的取向垂直于涡流的流动方向时，可检测性最高，如图 5.2 所示。

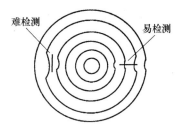

图 5.2　涡流检测的可检测性与缺陷的取向的关系

5.1.2　电学与磁学基础

5.1.2.1　电学基础

（1）电荷守恒定律

人们很早就发现用毛皮摩擦过的硬橡胶棒与用丝绸摩擦过的玻璃棒会相互吸引，但两根用毛皮摩擦过的硬橡胶棒互相排斥。这一现象表明硬橡胶棒与玻璃棒带电荷，而且所带的电荷是不同的。无论通过什么方法起电，其他物体所带的电荷类型要么与玻璃棒摩擦后所带的电荷相同，要么与硬橡胶棒摩擦后所带的电荷相同。物体所带电荷的数量叫作电荷量，简称电量。

电荷既不能被创造，也不能被消灭，只能从一个物体转移到另一个物体，或者从物体的一部分转移到另一部分，这个定律叫作电荷守恒定律。电荷守恒定律表明在任何物理过程中，电荷的代数和都守恒。

（2）库仑定律

库仑最早针对电现象进行了定量研究，通过试验总结出两个静止点电荷间相互作用的规律，称为库仑定律。库仑定律的具体内容为：在真空中，两个静止的点电荷 q_1 和 q_2 之间的相互作用力的大小与 q_1 和 q_2 的乘积成正比，与 q_1 和 q_2 之间的距离 r 的平方成反比；相互作用力的方向沿着 q_1 和 q_2 的连线，同号电荷相斥，异号电荷相吸。

（3）欧姆定律

欧姆定律是表述电压、电流与电阻之间关系的电路定律。若一个导体两端的电压为 U，导体的电阻为 R，通过导体的电流为 I，则三者之间的关系表示为 $I = \dfrac{U}{R}$。其中，U 的单位为 V，R 的单位 Ω，I 的单位为 A。由于导体的电阻 R 与导体的长度成正比，与导体的横截面积成反比，因此可写为 $R = \rho \dfrac{l}{S}$，其中，ρ 为电阻率，表示单位长度、单位截面积的电阻，单位是 $\Omega \cdot m$。在研究金属时，以及在研究金属及合金的导电性能时，除用电阻率外，还常用电导率 σ。σ 和 ρ 互为倒数，即 $\sigma = \dfrac{1}{\rho}$，其中，σ 的单位为 $S \cdot m^{-1}$。

欧姆定律指出，电路中的电流 I 正比于电压 U、反比于电阻 R。因此，如果电压 U 增大，电阻 R 保持不变，则电流 I 会增大；反之，如果电阻 R 增大，电压 U 保持不变，则电流 I 会减小。注意在由电阻性元素组成的交流电路中，电流 I 和电压 U 的相位总是相同的。

（4）金属的导电性

金属的电阻率 ρ 越小，电导率 σ 越大，材料的导电性能越好。温度、应力、形变及热处理等都会影响金属的导电性能。

① 温度的影响。温度升高，电阻率增大，电阻率和温度之间的关系为 $\rho = \rho_0 (1 + \alpha t)$，其中 ρ_0 为 20℃下的电阻率，α 为平均电阻温度系数。金属熔化时，因为点阵规律被破坏、原子之间的键发生变化，所以液态金属的电阻率比固态时要大，具体增大倍数取决于金属的种类，而且液态金属的电阻率随温度的升高而增大。

② 应力的影响。在弹性范围内，单项拉伸或扭转可提高金属的电阻率 ρ，电阻率 ρ 和拉应力 σ 之间的关系为 $\rho = \rho_0 (1 + \alpha_r \sigma)$，其中 ρ_0 为无负荷时的电阻率，α_r 为应力系数。但是，在单向压应力作用下，大多数金属的电阻率降低，电阻率 ρ 和压应力 p 之间的关系为 $\rho = \rho_v (1 + \varphi p)$，其中 ρ_v 为真空中的电阻率，φ 为压力系数，为负值。

③ 形变的影响。冷加工引起晶体点阵畸变，可使金属的电阻率 ρ 增大。

④ 热处理的影响。不同热处理工艺使金属电阻率的变化差异较大。例如，金属铝、银、铜、铁在冷加工后，电阻率随着退火温度的升高而下降，但当退火温度高于再结晶温度时，电阻率反而增大。

（5）合金的导电性

合金的导电性与合金的成分、组织有关。

固溶体的电阻：当合金形成固溶体时，一般规律是电导率减小，而电阻率增大。

金属化合物的电阻：金属化合物的导电性能较差，其电导率通常比各组元的电导率小得多。

5.1.2.2　磁学基础

物质在外加磁场的作用下感生出磁场的过程称为磁化。根据物质磁化后对磁场的影响，可以把物质分为三大类：使磁场减弱的物质称为抗磁性物质，如氢、水、金、银、铜、铋等；使磁场略有增强的物质称为顺磁性物质，如空气、铝、铂等；使磁场剧烈增大的物质称为铁磁性物质，如铁、钴、镍等。外加磁场强度 H 和材料内部的磁感应强度 B 之间的关系为 $\mu = \dfrac{B}{H}$，式中，μ 是材料的磁导率，表示材料被磁化的难易程度，反映了不同材料导磁能力的强弱，其单位为亨利/米（H/m）。μ 与真空磁导率 μ_0、相对磁导率 μ_r 之间的关系为 $\mu = \mu_0 \cdot \mu_r$。

5.1.2.3　交流电路

单位时间内通过导体横截面的电荷量定义为电流，即 $i(t) = \dfrac{\mathrm{d}q(t)}{\mathrm{d}t}$，其中，$i(t)$ 为电流，$q(t)$ 为通过导体横截面的电荷量，t 为时间。若 $\dfrac{\mathrm{d}q(t)}{\mathrm{d}t}$ 为常数，则为直流电流，大小、方向都不随时间变化的电流常用 I 表示。

工程中常用到周期电流。周期电流是指每隔一定的时间 T，电流完成一个循环的变化。随时间按正弦规律变化的电流，用函数图像表示是正弦曲线，称为正弦交流电流，表示为 $i(t) = I_{\mathrm{m}} \sin(\omega t + \phi)$。其中，$I_{\mathrm{m}}$ 为电流 i 的幅值，表示正弦交流电流 i 在整个变化过程中能达到的最大值；ϕ 为正弦交流电流的瞬时相角，$t=0$ 时的瞬时相角 ϕ 称为初始相位或初相角；ω 为角频率，即单位时间正弦交流电流变化的弧度数。综上所述，如果已知一个正弦交流电流信号的幅值、角频率和初相角，就可以完全确定数学表达式或波形图，所以幅值、角频率和初相角称为正弦交流电流信号的三要素。

阻抗，在交流电路中，是电流流过时遇到的主要阻碍。这种阻碍不仅由电阻组成，还包括电感和电容的影响。阻抗的大小可以通过交流电路条件下的欧姆定律来测量和计算，阻抗是电阻、电感和电容在交流电路中的综合效应。

5.1.3　电磁感应

在恒定场的情况下，电场与磁场之间没有相互作用和影响。如果电荷和电流随时间变化，电场和磁场就会发生相互作用：电流能够产生磁场，变化的磁场也能在导体中产生感应电动势和电流，这种现象叫作电磁感应。

（1）楞次定律

当穿过线圈的磁通量发生变化时，线圈中产生的感应电流的方向总是企图使自身所产生的附加磁场反抗线圈中磁通量的变化。

楞次定律是通过大量试验总结出来的，可以用来确定感应电动势和感应电流的方向，但不能确定感应电动势的大小。

（2）法拉第电磁感应定律

线圈中感应电动势的大小与穿过线圈的磁通量对时间的变化率的负值成正比，即 $E_{\mathrm{i}} = -N\dfrac{\mathrm{d}\Phi}{\mathrm{d}t}$，其中，$E_{\mathrm{i}}$ 是感应电动势，N 是线圈匝数，Φ 是磁通量，t 是时间，负号表示感应电动势的方向总是企图反抗磁通量的变化。

（3）自感应

当电流通过回路时，变化电流产生的变化磁通也通过闭合回路。这样在回路中就激起感应电动势，这种由回路中的电流变化产生磁通量变化，进而在回路中激起感应电动势的现象称为自感现象。感应电动势 E_{L} 称为自感电动势，有 $E_{\mathrm{L}} = -L\dfrac{\mathrm{d}I}{\mathrm{d}t}$，其中，$L$ 为自感系数。在自感现象中，通过线圈中的电流所激发的磁感应强度与电流成正比。因此，通过线圈的磁链也正比于线圈中的电流，在没有磁介质时，一个线圈的自感系数只与线圈的几何形状、大小及匝数有关。对于相同的电流变化率，自感系数 L 越大的线圈，产生的自感电动势越大，即自感现象越强。

（4）互感应

分别在两个线圈的回路 1 和回路 2 中通以电流 I_1 和 I_2，则任一回路中电流所产生的磁感应线将通过另一回路所包围的面积。其中，任一回路电流发生变化时，其磁通量的变化在另一回路中就会产生感应电动势。上述两个回路相互地激起感应电动势的现象称为互感现象。回路 1 的互感电动势 $E_{12} = -M\dfrac{dI_2}{dt}$，回路 2 的互感电动势 $E_{21} = -M\dfrac{dI_1}{dt}$，且有 $K = \dfrac{M}{\sqrt{L_1 L_2}}$，其中，$M$ 为互感系数，K 为耦合系数，L_1 和 L_2 是线圈 1 和线圈 2 的自感系数。

由以上公式可以看出，互感系数越大，互感电动势越大，互感现象也就越强。而且，在两个具有互感的线圈中，若线圈中的电流变化率相同，则分别在另一个线圈中产生相等的感应电动势。值得注意的是，在没有磁介质时，两个线圈之间的互感只与线圈的几何形状、大小、匝数及线圈的相对位置有关，而与电流无关。

（5）电磁场的基本方程

电磁场的基本方程即著名的麦克斯韦方程组，麦克斯韦系统地总结了前人的研究成果，特别是总结了库仑定律及安培、高斯、法拉第等人的有关电磁学说的全部成就，又在此基础上加以推广和发展，把电和磁的全部关系归纳成一组以麦克斯韦的名字命名的方程。这组方程主要包括 4 个方程：一个来源于安培环路定理，一个来源于法拉第电磁感应定律，其余两个则分别从电和磁的高斯定理导出。

麦克斯韦方程组的微分形式如下

$$\begin{cases} \nabla \times \boldsymbol{H} = \boldsymbol{J} + \dfrac{\partial \boldsymbol{D}}{\partial t} \\[2mm] \nabla \times \boldsymbol{E} = -\dfrac{\partial \boldsymbol{B}}{\partial t} \\[2mm] \nabla \cdot \boldsymbol{D} = 4\pi\rho \\[2mm] \nabla \cdot \boldsymbol{B} = 0 \end{cases} \tag{5.1}$$

式中，$\boldsymbol{H}$ 为磁场强度矢量；$\boldsymbol{J}$ 为电流密度矢量且在均匀介质中 $\boldsymbol{J} = \sigma\boldsymbol{E}$，$\sigma$ 为电导率；$\boldsymbol{D}$ 为电通密度矢量且在均匀介质中 $\boldsymbol{D} = \varepsilon\boldsymbol{E}$，$\varepsilon$ 为介电常数；$\boldsymbol{E}$ 为电场矢量；$\boldsymbol{B}$ 为磁感应强度矢量且在均匀介质中 $\boldsymbol{B} = \mu\boldsymbol{H}$，$\mu$ 为磁导率；ρ 为电荷密度；"$\times$"为矢量积；"$\cdot$"为标量积；$\nabla = \dfrac{\partial}{\partial x} + \dfrac{\partial}{\partial y} + \dfrac{\partial}{\partial z}$。

麦克斯韦方程组全面总结了电磁场的规律。其中，方程组的第一方程表示变化的电场和传导电流是磁场的"涡旋源"，指出了变化的电场产生磁场这一重要事实；方程组的第二方程指出了变化的磁场也产生电场的重要事实；方程组的第三方程表示电场是有"通量源"的场，其源为电荷；方程组的第四方程表示磁场无"通量源"，即磁场实际上不可能由磁荷产生。在均匀介质中，$\boldsymbol{J} = \sigma\boldsymbol{E}$、$\boldsymbol{D} = \varepsilon\boldsymbol{E}$ 及 $\boldsymbol{B} = \mu\boldsymbol{H}$ 表示了场与介质的关系。

假定传播介质是线性的、各向同性的、均匀的，对麦克斯韦方程组通过推导可得到波动方程

$$\begin{cases} \nabla^2 \boldsymbol{H} - \dfrac{n^2}{c^2} \dfrac{\partial^2 \boldsymbol{H}}{\partial t^2} = 0 \\ \nabla^2 \boldsymbol{E} - \dfrac{n^2}{c^2} \dfrac{\partial^2 \boldsymbol{E}}{\partial t^2} = 0 \end{cases} \tag{5.2}$$

式中，n 为介质的折射率，$n = \left(\dfrac{\varepsilon}{\varepsilon_0} \right)^{1/2}$，$\varepsilon_0$ 为真空中的介电常数；c 为电磁波在真空中的传播速度，$c = \dfrac{1}{\sqrt{\varepsilon_0 \mu_0}}$；$\nabla^2 = \dfrac{\partial^2}{\partial x^2} + \dfrac{\partial^2}{\partial y^2} + \dfrac{\partial^2}{\partial z^2}$。

5.1.4 有效磁导率和特征频率

涡流检测中，引起检测线圈阻抗发生变化的直接原因是线圈中磁场的变化。因此，在检测时，需分析和计算试件被放入检测线圈后磁场的变化，然后得出检测线圈阻抗的变化，才能对试件的各种影响因素进行分析。但这样做比较复杂，有效磁导率的提出使涡流检测中的阻抗分析问题得到简化。

当线圈内无试件时，线圈产生交变磁场 H_0，在线圈中插入试件后，试件中感应出涡流。这个涡流磁场与试件内的初级磁场相反，这两个磁场叠加后的总磁场强度为 H。由于存在趋肤效应，试件内的总磁场强度 H 在横截面上的分布是不均匀的，从表面向中心按逐渐减小的规律变化。

如果圆柱体试件的整个截面上有一个恒定不变的磁场 H_0，而磁导率在截面上沿半径方向变化，并使这种情况下所产生的磁通量等于真实情况下圆柱体内的磁通量，那么试样中的磁感应强度 $B(r)$ 可表示为 $B(r) = \mu_e \cdot \mu_0 \cdot H_0$，其中，$\mu_e$ 是有效磁导率。有效磁导率 μ_e 可表示为 $\mu_e = \dfrac{2\mathrm{J}_1(kr)}{kr\mathrm{J}_0(kr)}$，其中，$k = \sqrt{2\pi f \mu \sigma}$，$r$ 为圆柱体试件的半径，$\mathrm{J}_0(kr)$ 是零阶贝塞尔函数，$\mathrm{J}_1(kr)$ 是一阶贝塞尔函数。故有效磁导率 μ_e 是试件半径、电导率、磁导率和测试频率的函数。

贝塞尔函数中 $|kr| = 1$ 时的频率为特征频率 f_g，可表示为 $f_g = \dfrac{1}{2\pi\mu\sigma r^2}$，故特征频率 f_g 是试件的一个固有特性，取决于试件的电磁特性和几何尺寸。

5.1.5 趋肤效应

当检测线圈中通以交变电流时，在试件某一深度上流动的涡流会产生一个与原磁场反向的磁场，减小了原磁通量，并导致更深层的涡流减少，所以涡流密度随离表面距离的增大而减小，如图 5.3 所示，其变化取决于激励频率、试件的电导率和磁导率，在试件中感应出的涡流集中在靠近检测线圈的材料表面附近，这种现象叫趋肤效应。

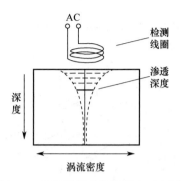

图 5.3　涡流检测的趋肤效应示意图

　　趋肤效应的存在，使交变电流激励磁场的强度及感生涡流的密度从被检测试件的表面到其内部按指数规律递减；而涡流的相位差随深度的增大成比例地增大。在平面电磁波进入半无穷大金属导体的情况下，涡流密度的衰减公式为 $J_x = J_0 e^{-x\sqrt{\pi f \mu \sigma}}$ ，其中，J_x 为离试件表面 x 深度处的涡流密度，J_0 为试件表面的涡流密度，μ 为被检测试件的磁导率，σ 为被检测试件的电导率，f 为测试线圈的电流频率。

　　在涡流检测中，通常将涡流密度衰减为其表面涡流密度的 1/e（约 36.8%）时对应的深度定义为渗透深度（又称标准透入深度），如图 5.4 所示，用 δ 表示，即 $\dfrac{J_\delta}{J_0} = e^{-\delta\sqrt{\pi f \mu \sigma}} = \dfrac{1}{e}$ ，由此可得出渗透深度的表达式 $\delta = \dfrac{1}{\sqrt{\pi f \mu \sigma}}$ ，渗透深度是反映涡流密度分布与被检测试件的电导率 σ、磁导率 μ 及测试线圈的激励频率 f 之间基本关系的特征值。被检测试件的电导率 σ、磁导率 μ、检测线圈的激励频率 f 越大，则渗透深度 δ 越小。试件表面的涡流密度最大，检测灵敏度最高；离试件表面越深，涡流密度越小，检测灵敏度越低。对于给定的试件，应根据检测深度的要求合理选择涡流检测频率。在涡流检测中，若渗透深度 δ 太小，则只能检测浅表面缺陷。

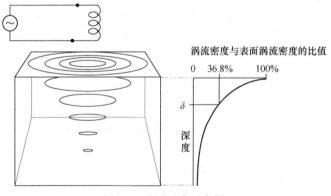

图 5.4　渗透深度示意图

　　由于被检测试件表面以下 3δ 处的涡流密度仅约为其表面涡流密度的 5%，因此通常将 3δ 作为实际涡流探伤能够到达的极限深度。图 5.5 所示为几种不同材料的渗透深度与涡流检测频率的关系。

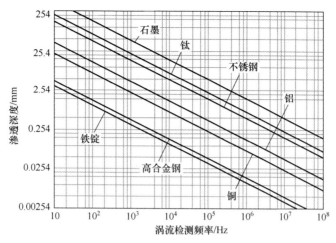

图 5.5　几种不同材料的渗透深度与涡流检测频率的关系

涡流检测所用的频率范围为 200Hz～6MHz 或更大。大多数非磁性材料的检测采用千赫兹的频率，磁性材料的检测则采用较低的频率。具体采用多大的检测频率，要根据被检测试件的厚度、缺陷深度、希望达到的灵敏度等来决定。

涡流密度与缺陷状态的关系：①涡流密度的不同表明在表层以下不同深度的缺陷将以不同的程度改变检测线圈的阻抗；②表层以下大缺陷所产生的信号幅度有可能和表面小缺陷所产生的信号幅度相同；③不能单凭信号幅度的改变来判断缺陷的严重性。

5.2　涡流检测的阻抗分析法

涡流检测信号来自检测线圈的阻抗或二次线圈感应电压的变化。由于影响阻抗和电压的因素有很多，各因素的影响程度也不同，因此，为了从信号中提取信息，排除干扰信号，涡流检测设备必须具备对信号进行处理的功能，以达到消除干扰信号的目的。

在涡流检测的发展过程中，曾经提出过多种消除干扰信号的手段和方法，但直到阻抗分析法的提出，才使涡流检测技术得到重大的突破和广泛应用。

阻抗分析法是以分析涡流效应引起线圈阻抗的变化及其与相位变化之间的密切关系为基础，从而鉴别各影响因素效应的一种分析方法。从电磁波传播的角度来看，这种方法实质上是根据信号有不同相位延迟的原理来区别试件中的不连续性的。因为在电磁波的传播过程中，相位延迟是与电磁信号进入导体中的不同深度和折返来回所需的时间联系在一起的。到目前为止，阻抗分析法仍然是涡流检测中应用最广泛的一种方法。

5.2.1　单线圈的阻抗

在涡流检测中，检测线圈的等效电路如图 5.6 所示，包含电感 L、涡流损耗电阻 R_e（由频率为 f 的交变电流激励产生交变磁场，会在线圈铁芯中造成涡流及磁滞损耗）、铜损电阻 R_c（取决于导线材料及线圈的几何尺寸）及并联寄生电容 C（主要由线圈绕组的固有电容与电缆分布电容构成）。

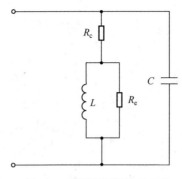

图 5.6　检测线圈的等效电路

为了进一步分析，由于铜损电阻、并联寄生电容的影响较小，可忽略，因此将检测线圈的电路进一步简化，如图 5.7 所示。简化后的电路为一个电感 L 和一个电阻 R 的串联等效电路。

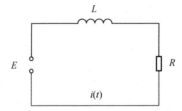

图 5.7　检测线圈的简化等效电路

设激励信号源的电动势为 E，电路中的电流为 $i(t)$，则有 $E - E_L = i(t)R$，E_L 为电感 L 的电压，即 $E - L\dfrac{\mathrm{d}i(t)}{\mathrm{d}t} = i(t)R \Rightarrow E = i(t)R + L\dfrac{\mathrm{d}i(t)}{\mathrm{d}t}$，考虑电流单频谐波变化（$i(t) = Ie^{j\omega t}$），则检测线圈等效电路的复数阻抗 $Z = \dfrac{E}{i(t)} = R + j\omega L$，其中，$Z$ 为复数阻抗，R 为电阻，L 为感抗。

5.2.2　耦合线圈的阻抗

图 5.8 所示的电路中含有两个相互耦合的线圈，若在一次线圈中通以交变电流，在电磁感应的作用下，在二次线圈中会产生感应电流；反过来，感应电流又会影响一次线圈中的电流和电压的关系。这种影响可以用二次线圈中的阻抗通过互感折合到一次线圈的折合阻抗来体现。

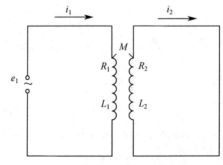

图 5.8　耦合线圈的互感电路

在涡流检测中，如将检测线圈看成初级线圈，把产生涡流的被检测试件看成次级线圈，则有涡流检测线圈和被检测试件的耦合情况与交流电路中的耦合线圈互感电路是等效的。设通以交变电流的初级线圈（检测线圈）的自身阻抗为 Z_0，则 $Z_0 = R_1 + j\omega L_1$。当初级线圈与次级线圈相互耦合时，互感的作用会影响初级线圈中电压与电流的关系，则初级线圈与次级线圈中的电压分别为

$$\begin{cases} R_1 i_1(t) + L_1 \dfrac{\mathrm{d}i_1(t)}{\mathrm{d}t} - M \dfrac{\mathrm{d}i_2(t)}{\mathrm{d}t} = e_1 \\ -M \dfrac{\mathrm{d}i_1(t)}{\mathrm{d}t} + L_2 \dfrac{\mathrm{d}i_2(t)}{\mathrm{d}t} + R_2 i_2(t) = 0 \end{cases} \tag{5.3}$$

若考虑单频谐波变化，则有 $i_1(t) = I_1 e^{j\omega t}$，$i_2(t) = I_2 e^{j\omega t}$，$e_1(t) = E_1 e^{j\omega t}$，将其代入式（5.3），则可得

$$\begin{cases} (R_1 + j\omega L_1)I_1 - j\omega M I_2 = E_1 \\ -j\omega M I_1 + (R_2 + j\omega L_2)I_2 = 0 \end{cases} \tag{5.4}$$

整理上述方程组，可得 $(R_1 + j\omega L_1)I_1 - \dfrac{(j\omega)^2 M^2}{R_2 + j\omega L_2} I_1 = E_1$，故初级线圈的阻抗为 $Z = \dfrac{E_1}{I_1} =$

$(R_1 + j\omega L_1) - \dfrac{(j\omega)^2 M^2}{R_2 + j\omega L_2}$，经整理得 $Z = (R_1 + j\omega L_1) + \dfrac{\omega^2 M^2 (R_2 - j\omega L_2)}{R_2^2 + \omega^2 L_2^2}$。因此，当初级线圈（检测线圈）与次级线圈（被检测试件）相互耦合，且在初级线圈（检测线圈）中通以交变电流时，因存在互感作用，两线圈之间的电流、电压会互相影响，这种影响可以用次级线圈（被检测试件）作用到初级线圈（检测线圈）上的等效阻抗 Z_e 来体现，$Z_e = \dfrac{\omega^2 M^2 (R_2 - j\omega L_2)}{R_2^2 + \omega^2 L_2^2}$。

初级线圈（检测线圈）的阻抗 Z_0 与等效阻抗 Z_e 的和称为初级线圈的视在阻抗 Z

$$Z = Z_0 + Z_e = R_1 + j\omega L_1 + \frac{\omega^2 M^2 (R_2 - j\omega L_2)}{R_2^2 + \omega^2 L_2^2} \tag{5.5}$$

视在阻抗在涡流检测中的作用与意义：①有了视在阻抗的概念后，就可以认为原电路中电流或电压的变化是由电路中视在阻抗的变化引起的；②只要根据电路中视在阻抗的变化推知次级线圈对初级线圈的效应，就可以根据这种效应推知次级线圈中阻抗的变化；③因为被检测试件可以看作一卷平面线圈的叠合块，如果用被检测试件代替次级线圈，上述耦合线圈视在阻抗的讨论，就能够近似地应用于涡流检测线圈与被检测试件耦合的情况。

5.2.3　阻抗平面图

根据视在阻抗的概念，可认为初级电路中电流或电压的变化是由电路中视在阻抗的变化引起的。据此，由初级电路中的阻抗变化可以知道次级线圈对初级线圈的效应，从而推知次级电路中阻抗的变化。

在 R_2 从 ∞ 变化为 0 的过程中，初级线圈的视在阻抗 Z 在以视在电阻 R（视在阻抗的实部）为横轴、视在电抗 X（视在阻抗的虚部）为纵轴的阻抗平面图上变化，其轨迹近似为一个半圆，此为初级线圈的阻抗平面图，如图 5.9 所示。其中圆的半径为 $\dfrac{K^2 \omega L_1}{2}$，$K^2 = \dfrac{M^2}{L_1 L_2}$

称为耦合系数，视在阻抗的视在电抗 X 从 ωL_1 单调递减到 $\omega L_1(1-K^2)$；而视在阻抗的视在电阻 R 由 R_1 开始增大，经过极大值点 $\left(R_1+\dfrac{K^2\omega L_1}{2}\right)$ 后，再减小至 R_1，其参变量为 R_2 从 ∞ 变化为 0 或 X_2 从 0 变化为 ∞。

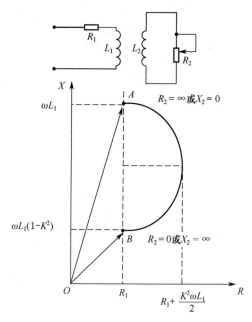

图 5.9   初级线圈的阻抗平面图

初级线圈的阻抗平面图的意义：通过检测初级线圈（检测线圈）视在阻抗的变化，来推断次级线圈（被检测试件）的阻抗是否变化，进而判断被检测试件的物理或工艺性能的变化及有无缺陷存在，达到检测的目的。

5.2.4   阻抗归一化

阻抗平面图在涡流检测中存在以下问题：尽管阻抗平面图直观地反映了被检测试件阻抗的变化对初级线圈视在阻抗的影响，但视在阻抗 Z 在该图上的轨迹随初级线圈自身电阻 R_1、电感 L_1 及耦合系数 K 和电流频率的变化而改变，从而导致初级线圈本身参数也会引起视在阻抗 Z 轨迹的变化。故视在阻抗、电流频率、耦合系数不同的初级线圈的阻抗平面图为半径不同、位置不一的许多半圆曲线，为了消除初级线圈自身阻抗及电流频率对曲线位置的影响，便于对不同情况下的曲线进行比较，通常要对阻抗进行归一化处理。

阻抗平面图归一化处理的步骤如下。纵坐标轴的位置向右平移 R_1 距离，再将新的曲线坐标值除以 ωL_1，也就是采用下列坐标轴来表示视在阻抗的变化规律：横坐标轴为 $\dfrac{R-R_1}{\omega L_1}$，纵坐标轴为 $\dfrac{X}{\omega L_1}$。这样轨迹半圆的直径必然重合于纵轴，半圆上端坐标为（0，1），半圆下端坐标为（0，1-K^2），半径为 $K^2/2$，于是轨迹仅取决于耦合系数 K，图 5.10 所示为归一化处理后的阻抗平面图。在上述耦合线圈互感电路中，若次级线圈开路，则 $R_2 \to \infty$，对应涡流检测中检测线圈尚未靠近被检测试件，此时对应的初级线圈为空载状态，其视在阻抗 $Z = Z_0 = R_1 + j\omega L_1$；若次级线圈的 $R_2 \to 0$，则其视在阻抗 $Z = R_1 + j\omega L_1(1 - K^2)$。

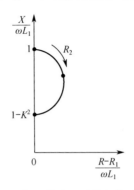

图 5.10　归一化处理后的阻抗平面图

经过归一化处理后的电阻和电抗都是无量纲的量，且均小于 1。经归一化处理得到的阻抗平面图既具有统一的形式，又具有广泛通用的可比性。

经过归一化处理后的阻抗平面图的特点：①消除了初级线圈自身阻抗的变化对视在阻抗 Z 的影响，在涡流检测中具有通用性；②阻抗平面图的曲线以一系列影响阻抗的因素（如电导率、磁导率）为参量；③阻抗平面图定量地表示出各影响阻抗因素的效应大小和方向，为涡流检测时选择检测的方法和条件，以及减小各种效应的干扰提供了参考依据；④对于各种类型的试件和检测线圈，有各自对应的阻抗平面图。

5.2.5　提离效应

在涡流检测中，检测线圈晃动引起的信号变化叠加在缺陷信号中，阻碍对缺陷的正确判断与识别，这种干扰称为提离干扰，又称提离效应。尤其是使用放置式检测线圈时，提离效应对被检测信号阻抗平面图的影响是最为明显的。一般地，小的提离会产生大的阻抗变化，这是因为改变提离时，试件中的磁通密度改变很大。小直径检测线圈阻抗随提离的变化比大直径检测线圈还要大。涡流检测中提离效应的影响很大，必须用适当的电子学方法予以抑制。然而，利用提离效应又可测量金属表面所涂油漆或覆盖绝缘层的厚度。

提离效应的主要来源有检测过程中的人手抖动、被检测试件的检测表面的凹凸不平等。提离效应的抑制方法一般有：①采用多频测量；②采用模具支架固定检测线圈。

5.3　涡流检测设备

涡流检测是以电磁感应定律为基础，用于对金属半成品和金属试件进行探伤、分选、测厚的一种非破坏检测方法，可实现与试件非接触、无耦合剂的高速检测，保证生产过程中的产品质量及在役设备的安全运行。

在涡流检测时，通过测量线圈阻抗的变化，可得到试件参数（如形状、尺寸、磁导率、电导率、缺陷等）的变化情况。由于所得到的信号是各种影响因素的综合反映，因此在探伤或测量时，应设法取出所希望的信号，如缺陷信号，以消除其他的干扰信号。

5.3.1　涡流传感器

5.3.1.1　涡流传感器概述

涡流传感器也称涡流检测线圈、涡流检测探头。在涡流检测中，试件的情况是通过涡流传感器的变化反映的。只要是对磁场变化敏感的元器件，如线圈、霍尔元件、磁敏二极管等，都可作为涡流检测的传感器，但目前用得较多的是检测线圈。

根据涡流检测原理，首先传感器需要一个激励线圈，以便交流电流通过并在其周围及被检测试件内激励形成电磁场；同时为了把在电磁场作用下反映试件各种特征的信号检测出来，还需要一个检测线圈。涡流传感器的激励线圈和检测线圈可以是功能不同的两个线圈，也可以是具有激励和检测两种功能的同一线圈。因此在不需要区分线圈的功能时，通常把激励线圈和检测线圈统称检测线圈，或称涡流传感器。一般来说，涡流传感器具有以下基本结构和功能。

① 涡流传感器由于其用途和检测对象不同，其外观和内部结构各不相同，类型多样。但是，不管什么类型的传感器，其都是由激励线圈、检测线圈及其支架和外壳组成的，有些还有磁芯、磁饱和器等。

② 涡流传感器的功能有三种：其一，激励形成涡流的功能，即能在被检测试件中建立一个交变电磁场，在试件中激发出涡流；其二，检取所需信号的功能，即检测获取试件质量情况的信号，并把信号发送给仪器进行分析和评价；其三，抗干扰的功能，即要求涡流传感器具有抑制各种干扰信号的能力，如检测时要抑制直径、壁厚变化引起的信号变化等。

5.3.1.2　涡流传感器的分类

涡流传感器种类繁多，可进行不同的分类，常见的分类方法有按感应方式分类、按检测线圈和试件的相对位置分类、按比较方式分类等。

（1）按感应方式分类

涡流传感器按感应方式的不同，可分为自感式检测线圈和互感式检测线圈两种。

自感式检测线圈输出的信号是线圈阻抗的变化，一般既是产生激励磁场的线圈，又是获取试件涡流信号的线圈。由于采用一个线圈，绕制方便，管材、棒材、线材的直径测量多采用此法。

互感式检测线圈输出的是线圈上的感应电压信号，一般由两个线圈构成，一个是用于产生突变磁场的激励线圈（或称初级线圈），另一个是用于获取涡流信号的线圈（或称次级线圈）。

（2）按检测线圈和试件的相对位置分类

涡流传感器按检测线圈和试件的相对位置不同，可分为穿过式线圈、内通式线圈和放置式线圈三种，如图 5.11 所示。

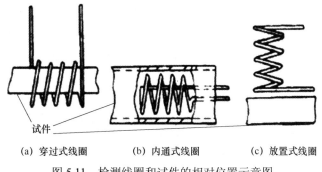

图 5.11　检测线圈和试件的相对位置示意图

　　① 穿过式线圈。穿过式线圈是将试件插入并通过检测线圈内部进行检测的。穿过式线圈能检测管材、棒材、线材等可以从检测线圈内部通过的导体试件。由于采用穿过式线圈容易实现涡流检测的批量、高速检测，且易实现自动化检测，因此广泛地应用于小直径的管材、棒材及线材试件的表面质量检测。

　　② 内通式线圈。在对管状试件进行检测时，有时必须把检测线圈放入管子的内部，这种插入试件内部进行检测的检测线圈称为内通式线圈，通常用于测量管材内表面情况，如安装好的管件或检测小直径的深钻孔、螺纹孔等。

　　③ 放置式线圈。在检测时，把检测线圈放置于被检测试件表面进行检测的线圈称为放置式线圈。这种线圈体积小，线圈内部一般带磁芯，因此具有磁场聚焦的性质，灵敏度高，适用于各种板材和大直径管材、棒材的表面检测。由于检测线圈体积小，因此特别适用于一些形状复杂的机械试件的局部检测。

　　（3）按比较方式分类

　　按照比较方式的不同，检测线圈有绝对式检测线圈和差动式检测线圈，差动式检测线圈有标准比较式和自比较式两种接线方式，如图 5.12 所示。

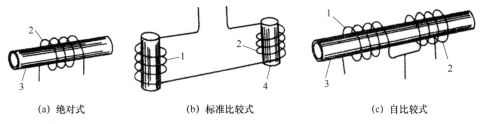

(a) 绝对式　　　　　　　　(b) 标准比较式　　　　　　　(c) 自比较式

1—参考线圈；2—检测线圈；3—管材；4—棒材

图 5.12　检测线圈的比较方式

　　只有一个检测线圈工作的方式称为绝对式，在检测时可将标准试件放入线圈，调整仪器使信号输出为零，再将被检测试件放入线圈，若仍无输出，表示被检测试件和标准试件的有关参数相同；若有输出，则依据检测目的的不同，分别判断引起线圈阻抗变化的原因是裂纹还是其他因素。这种工作方式可用于材质分选、涂层厚度测定及材料探伤等。

　　两个检测线圈反接在一起进行工作的方式称为差动式。按线圈放置方式的不同，差动式又分为标准比较式和自比较式。

　　① 标准比较式。两个线圈的参数完全相同，反向连接的线圈分别放置在标准试件（与

被检测试件具有相同材质、形状、尺寸，且质量完好）和被检测试件上，根据两个检测线圈的输出信号有无差异来判断被检测试件或材料的性能。由于这两个线圈接成差动形式，当被检测试件质量不同于标准试件时（如存在裂纹），检测线圈就有信号输出，从而达到对试件的检测目的。

② 自比较式。自比较式是标准比较式的特例，比较的标准为同一被检测试件或材料的不同部分。用两个参数完全相同、差动连接的线圈同时对同一个试件或材料的相邻部分进行检测，被检测部位材料的物理性能及试件几何参数的变化对线圈阻抗的影响通常较微弱，如果试件不存在缺陷，这种微小变化的影响便几乎被抵消，而被检测部位若存在裂纹，则线圈经过裂纹时会感应出急剧变化的信号，且两个线圈分别经过同一缺陷时所形成的涡流信号方向相反。自比较式检测线圈适用于管材、棒材等表面的局部缺陷检测。

绝对式检测线圈对影响涡流检测各种因素的变化均能做出反应，如电阻率、磁导率、被检测试件的几何形状和缺陷等，而差动式检测线圈给出的是试件相邻部分的比较信号。当相邻线圈下面的涡流分布发生变化时，差动式检测线圈仅能产生一个不平衡的缺陷信号。因此，表面检测一般采用绝对式检测线圈，而对管材和棒材的检测，绝对式检测线圈和差动式检测线圈都可采用。

绝对式检测线圈对试件性能或形状的突变或缓慢变化均能做出反应，较易区分混合信号，能显示缺陷的整个长度；但是温度不稳定时易发生漂移，且对检测线圈的颤动比较敏感。差动式检测线圈的优势在于不会因温度不稳定而漂移且对检测线圈颤动的敏感度低；但是对平缓变化不敏感，即对长而平缓的缺陷可能漏检，只能检测出长缺陷的起点或终点，可能产生难以解释的信号。

涡流检测线圈的选择主要根据试件的形状、检测灵敏度、检测速度、自动或手动等情况来综合考虑。在检测裂纹等缺陷时，检测线圈的放置要使涡流流动方向尽可能与缺陷垂直，以便从缺陷处得到最大的响应。若涡流流动方向与缺陷平行，则涡流流动的变化将会很小，甚至没有畸变就不能检测出缺陷。

5.3.2　涡流检测仪器

5.3.2.1　涡流检测仪器的基本组成及工作原理

对于不同的检测目的和应用对象，涡流检测仪器的电路和结构各不相同，但其基本工作原理和基本结构是相同的。下面主要介绍涡流检测仪器的基本组成及工作原理。涡流检测仪的基本原理示意图如图 5.13 所示，信号发生器产生交流电流并供给检测线圈，检测线圈产生交变磁场并在试件中感生涡流，涡流受到试件性能的影响反过来使检测线圈阻抗发生变化，然后通过信号检出电路检出检测线圈阻抗的变化，检测过程包括产生激励、信号获取、信号放大、信号处理、消除干扰和显示检测结果等。在大多数检测中，检测线圈的阻抗变化很小。例如，检测线圈经过缺陷，阻抗变化可能小于 1%，这种小的变化采用测量绝对阻抗或电压的方式是很难实现的，所以在涡流检测仪器中广泛地采用了各种电桥、平衡电路和放大器等以检测和放大检测线圈的阻抗变化。

图 5.14 所示为典型涡流检测仪的基本组成示意图，其电子电路主要由基本电路和信号处理电路两大部分组成。基本电路包括振荡器、信号检出电路、放大器、显示器和电源。信号处理电路包括鉴别影响因素和抑止干扰的电路。

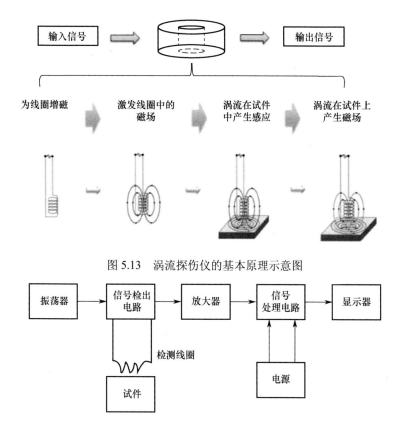

图 5.13　涡流探伤仪的基本原理示意图

图 5.14　典型涡流检测仪的基本组成示意图

振荡器为桥接电路提供电流以产生交变磁场。这个磁场在试样中感应出涡流，使检测线圈的阻抗依据试样情况发生变化，于是桥接电路的输出电压也发生变化，即把检测线圈阻抗变化转换成电信号。一般来说，这个信号的振幅很小，需用放大器加以放大，以便后继单元使用。在桥接电路的输出信号中，除了有缺陷信号，还有一些由其他因素引起的干扰信号。消除这些干扰信号应采用信号处理电路。经信号处理电路的分析处理，最后输出显示、记录。

常用的比较典型的涡流检测仪器有两种，分别为常用于管材、棒材、丝材探伤的穿过式涡流检测仪和常用于手动检测不规则几何尺寸试件的探针式涡流检测仪。

穿过式涡流检测仪中，振荡器产生交变信号并供给电桥，在电桥结构中，检测线圈作为电桥的一个桥臂而在电桥的对应位置上，另一个桥臂则由一个比较线圈构成。因为两个线圈的阻抗不可能完全相等，所以一般采用电桥来消除两个线圈之间的电压差。电桥一旦不平衡，如试件出现缺陷等异常，就会产生一个微小信号并输出，经过放大、相敏检波和滤波，除掉干扰信号，最后经过幅度鉴别器，进一步除掉噪声以取得所要显示和记录的信号。这类仪器具有阻抗的相位分析、相敏检波的功能，但最后结果的显示是以信号的幅度为主的。

探针式涡流检测仪可分为电表指示和阻抗平面显示两种。电桥的输出信号被放大，经相敏检波和滤波变成一个包含检测线圈阻抗变化的相位和幅度特征的直流信号。将这

个信号分解成 X 和 Y 两个相互垂直的分量，分别加在显示器的垂直偏转板和水平偏转板上进行显示。

5.3.2.2 涡流检测仪器的分类

根据检测对象和目的的不同对涡流检测仪器进行分类是最常见的一种分类方式，一般分为涡流探伤仪、涡流电导仪和涡流测厚仪三种，也有一些型号的仪器，除了具备涡流探伤这一主要功能，还兼有电导率测量、膜层厚度测量的功能，但与单一功能的涡流电导仪和涡流测厚仪相比，这类通用型仪器对电导率或厚度的测量精度要低得多。从另一方面来讲，任何涡流检测仪器都具备探伤、测电导率和测厚度的功能，只是在检测范围和分辨率上存在明显的差异。

按照对检测结果显示方式的不同，涡流检测仪器可分为阻抗幅值型仪器和阻抗平面型仪器，这一般是针对涡流探伤仪而言的，不包括涡流电导仪和涡流测厚仪。阻抗幅值型仪器在显示终端仅给出检测结果幅度的相关信息，不包含检测信号的相位信息，如电表指针的指示、数字表头的读数及示波器时基线上的波形显示等。值得注意的是，该类仪器所指示的结果并不一定是最大阻抗值或阻抗变化的最大值，而通常是在最有利于抑制干扰信号的相位条件下的阻抗分量，这一点可以通过对具有相位调节功能仪器上相位旋钮进行调整，观察电表指针摆动幅度的变化或示波器时基线上的波形幅度的变化加以确认。指针式涡流探伤仪、涡流电导仪和涡流测厚仪均属于该类仪器。

阻抗平面型仪器在显示终端不仅给出了检测信号的幅度信息，而且给出了检测信号的相位信息。当调节相位时，只是显示信号的相位发生变化，而其幅度不会发生变化。带有荧光示波屏或液晶屏的涡流探伤仪大多属于阻抗平面型仪器。

按照仪器的工作频率特征，涡流检测仪器可分为单频涡流仪和多频涡流仪。单频涡流仪并不仅限于只有单一激励频率的仪器，而是包括激励频带非常宽的涡流探伤仪。尽管宽频带的涡流探伤仪可以激励不同工作频率的线圈进行检测，但由于同一时刻仅以单一的选定频率工作，因此仍属于单频涡流仪。多频涡流仪是指可以同时选择两个或两个以上检测频率工作的多频涡流探伤仪和具有两种或两种以上工作频率的多频涡流电导仪。多频涡流探伤仪具有两个或两个以上的信号激励与检测的工作通道，因此又称多通道涡流探伤仪。

随着涡流检测仪器制造技术的发展，不仅出现了同时具备探伤、电导率测量、膜层厚度测量功能的通用型仪器，而且能够以阻抗幅值和阻抗平面两种形式显示探伤信号。

5.3.3 涡流检测标准试件与对比试件

涡流检测对于被检测试件质量的检测和评价是通过与已知试件的比较而得出的，这类已知试件通常被称作标准试件或对比试件。

标准试件是按相关标准规定的技术条件加工制作并经权威技术机构认证的用于评价检测系统性能的试件。标准试件不仅在加工制作完成后需要得到认证，在长期重复使用过程中还应按相关标准文件规定定期进行认证。标准试件的本质用途是评价检测系统的性能，而不是用于产品的实际检测。

对比试件是针对被检测试件和检测要求，按照相关标准规定的技术条件加工制作并经相关部门确认的用于被检测试件质量符合性评价的试件。对比试件是被检测试件质量状况的评价依据。与标准试件的定义相比，可以看到对比试件不同于标准试件的重要属性包括以下两个方面：①与被检测试件密切相关，即对比试件的材料特性与被检测试件的材料特性必须相同或相近；②与检测要求相适应，即对比试件上人工缺陷的形式和大小应根据检测要求确定。对比试件按照人工缺陷的形式不同，可分为孔形缺陷对比试件和槽形缺陷对比试件；按照涡流探伤应用对象的不同，可分为穿过式线圈检测用对比试件、内通式线圈检测用对比试件和放置式线圈检测用对比试件。对比试件用作被检测试件质量状况的评价依据，因此其人工缺陷的形式和尺寸应根据被检测试件在制造或使用过程中最可能产生的自然缺陷的种类、方向、位置和对产品可靠使用的影响等因素确定。对比试件同样应按照相关标准文件或技术条件要求制作，一般不允许带有自然缺陷。

5.3.4　涡流检测信号分析

因涡流检测中的干扰因素较多，而且在不同的检测中，因检测目的不同，干扰因素的所指也不同。为了有效地从检测结果中提取所需要的有用信息，涡流检测常采用相位分析、频率分析及幅度分析的信号分析方法。

（1）相位分析法

在涡流检测的信号处理中，利用相敏检波器可以实现缺陷信号和干扰信号的分离。相敏检波器主要是由乘法器和低通滤波器组成的。相敏检波器有两个输入端，一个是被检测信号，另一个是参考信号，并且要求参考信号与被检测信号具有相同的频率。相敏检波器的输出信号幅度取决于被检测信号与参考信号的相位差。从向量的角度来看，输出信号可以看成输入信号向量在参考信号向量上的分量。

电桥电路输出的交流信号包含振幅和相位两个信息。一般来说，缺陷信号和干扰信号的振幅和相位是不同的，相位分析法则利用了缺陷信号和干扰信号的相位差来抑制干扰信号和检出缺陷信号。

（2）频率分析法

用检测线圈在试件上进行查扫，由于检测线圈与试件之间存在相对运动，会在检测线圈上产生调制频率，频率的大小取决于相对运动的速度和试件材料物理性能变化的快慢。在实践中发现，由直径或电导率波动所产生的信号的调制频率较低，近似正弦变化；而缺陷信号的调制频率较高。根据两者频率不同的特点，使用适当的带通滤波器就能把两者分开，这种信号处理方法也称调制分析法。

（3）幅度分析法

在经过相位分析和频率分析以后，除了有用信号，还伴有与被检测信号处于同一数量级的噪声信号。这些噪声信号的存在会给缺陷信号的观察带来很大的不便。可以利用幅度鉴别器设置门限电平，抑制在此电平以下的噪声信号，从而提高信噪比。

5.4　涡流检测工艺与应用

5.4.1　涡流检测原理

当载有交流电流的检测线圈靠近导体试件时，由检测线圈产生的交变磁场（图 5.15 红色部分）的作用会在导体试件中感生出涡流（图 5.15 蓝色部分）。涡流的大小、相位及流动形式受到导体试件性能及有无缺陷的影响，而涡流的反作用磁场（图 5.15 绿色部分）又使检测线圈阻抗发生变化。涡流检测利用这种电磁感应现象来判断材料性能和缺陷的方法，用涡流检测仪器可以测量和显示检测线圈的阻抗变化。

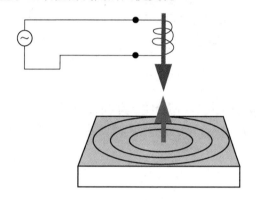

扫描查看彩图

图 5.15　涡流检测原理示意图

涡流检测技术具有适用性强、非接触耦合、检测装置轻便等优点，在冶金、化工、电力、航空航天、核工业等领域得到了广泛应用。涡流检测主要用于探伤和材料测试两个方面。涡流检测的应用主要分为管材、棒材的检测与非规则试件的检测等。

管材、棒材采用穿过式或内通式线圈进行检测，因为环形线圈可以在同一时刻对管材、棒材的整个圆周区域实施相同灵敏度的检测，具有易于实现自动化、速度快、效率高的优点。

对于非管材、棒材，环形线圈无法提供可靠、有效的检测，因此放置式线圈在非规则试件的制造和使用领域具有广泛的应用。

涡流检测技术还可用于材料或试件电磁特性的测量，如材质分选，电导率测量，防护层厚度测量，电阻、温度、厚度测量，振动及转速测量等。

5.4.2　涡流检测方法

以放置式检测线圈检测试件表面缺陷为例，来介绍涡流检测方法及流程。涡流检测用检测线圈及试件示意图如图 5.16 所示，检测线圈为放置式检测线圈，试件（依据 NB/T 47013.6—2015 的标准试件）材质为 T3 状态的 2024 铝合金，在 A 处没有缺陷，在 B、C、D 处的三个表面开口槽缺陷的深度分别为 0.2mm、0.5mm、1.0mm，槽宽为 0.05mm。对于该标准试件，涡流检测系统的原理图如图 5.17 所示。

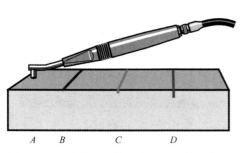

图 5.16　涡流检测用检测线圈及试件示意图

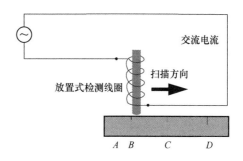

图 5.17　涡流检测系统的原理图

检测线圈中电流的波形在扫查不同深度槽时发生变化的示意图如图 5.18 所示。

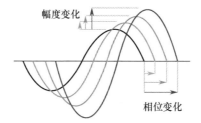

图 5.18　检测线圈中电流的波形在扫查不同深度槽时发生变化的示意图

阻抗平面图显示了检测线圈扫查整个标准试件和近表面缺陷的过程，如图 5.19 所示。

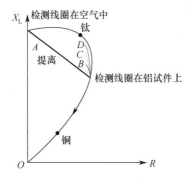

图 5.19　检测线圈扫查整个标准试件和近表面缺陷的阻抗平面图

对阻抗平面图进行分析并显示扫描的结果模块，如图 5.20 所示。

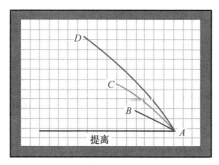

图 5.20　阻抗平面图分析示意图

5.4.3　涡流检测典型信号

以用放置式检测线圈检测试件为例，来介绍几种含有典型缺陷或结构不连续的试件在涡流检测时的阻抗平面图。图 5.21 所示为具有不同深度槽型缺陷的多层测试块及涡流检测的阻抗平面图示意图。

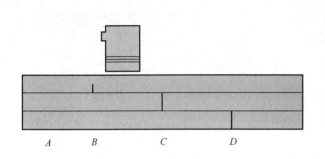

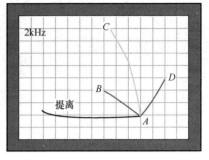

(a) 具有不同深度槽型缺陷的多层测试块的示意图　　　　(b) 涡流检测的阻抗平面图示意图

图 5.21　具有不同深度槽型缺陷的多层测试块及涡流检测的阻抗平面图示意图

图 5.22 所示为紧固件不同区域存在的裂纹缺陷及涡流检测的阻抗平面图示意图。

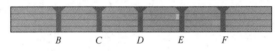

(a) 紧固件不同区域存在的裂纹缺陷的示意图

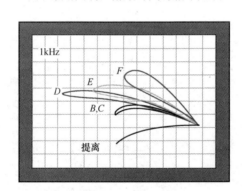

(b) 涡流检测的阻抗平面图示意图

图 5.22　紧固件不同区域存在的裂纹缺陷及涡流检测的阻抗平面图示意图

图 5.23 所示为具有涂层且带有裂纹缺陷的母材及焊接热影响区的被检测试件及涡流检测的阻抗平面图示意图。

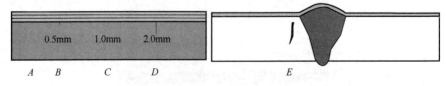

(a) 具有涂层且带有裂纹缺陷的母材及焊接热影响区的被检测试件示意图

图 5.23　具有涂层且带有裂纹缺陷的母材及焊接热影响区的被检测试件及涡流检测的阻抗平面图示意图

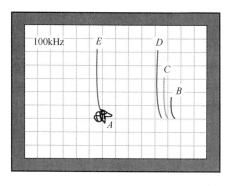

（b）涡流检测的阻抗平面图示意图

图 5.23 具有涂层且带有裂纹缺陷的母材及焊接热影响区的被检测试件及涡流检测的阻抗平面图示意图（续）

图 5.24 所示为被检测试件厚度变化与壁厚被腐蚀示意图及涡流检测的阻抗平面图示意图。

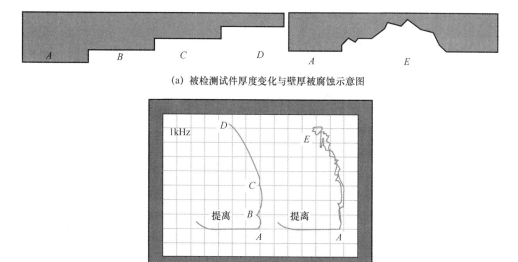

（a）被检测试件厚度变化与壁厚被腐蚀示意图

（b）涡流检测的阻抗平面图示意图

图 5.24 被检测试件厚度变化与壁厚被腐蚀示意图及涡流检测的阻抗平面图示意图

5.4.4 涡流检测应用

在航空航天、军工领域，涡流检测技术常被应用于航空发动机叶片裂纹、螺栓及螺孔内裂纹、飞机多层结构、起落架、轮毂和铝蒙皮下表面和近表面缺陷的检测。在电力、石化领域，涡流检测技术常被用于电站（火电厂、核电站）、石油化工油田（输油管道、抽油杆、钻杆等）、炼油厂、化工厂等的有色金属管道及黑色金属管道（铜管、钛管、不锈钢管、锅炉四管等）在役和役前检测。在冶金、机械领域，涡流检测技术可被用于各种金属管材、棒材、线材、丝材的在线/离线探伤，能够有效抑制管道在线、离线检测时的某些干扰信号（如材质不均、晃动等）、对金属管道内、外壁缺陷检测都具有较高的灵敏度。

依据涡流检测原理及典型信号分析，利用涡流检测可以实现下列应用：①金属板的厚度测量；②普通材料的涂层厚度测量；③导电材料的分离；④检测材料的缺陷；⑤热处理环境的识别与控制；⑥探测表面硬化钢镀层的深度；⑦探测隐藏的金属位置；⑧测量金属的精确尺寸等。

5.5　涡流检测新技术

传统的涡流检测只采用单一的较高频率的线圈检测导体表面、近表面的缺陷或电磁特性参数。与其他几种常规的无损检测技术相比，涡流检测技术具有易耦合、速度快、灵敏度高和成本低等优点，因此，在各工业领域较迅速地得到广泛应用和发展，成为一种常规的无损检测技术。

随着工业的发展，对材料、产品检测的要求不断提高，加上涡流检测自身的特点，人们逐步认识到常规涡流检测的一些局限性。例如，高频磁场激励的涡流由于存在极强的趋肤效应，对深层缺陷和材料特性的检测受到限制；由于对提离效应敏感，因此使检测线圈与被检测试件精确、稳定地耦合十分困难；干扰信号同有用信号混淆在一起，无法分离、辨别；检测易受试件形状的限制等。针对以上问题，提出了新的基于电磁原理的检测技术，如多频涡流检测技术、脉冲涡流检测技术、远场涡流检测技术、涡流阵列检测技术等，同常规的涡流检测技术一起组成了涡流检测新技术。

5.5.1　多频涡流检测技术

在涡流检测过程中，主要通过测量检测线圈阻抗的变化检测出试件的缺陷，被检测试件影响检测线圈阻抗的因素有很多，如磁导率、电导率、外形、尺寸和各种缺陷等，各种因素的影响程度各异。涡流检测的关键就是从诸多因素中提取出要检测的因素，因此，涡流检测仪器性能的提高是同该仪器是否能有效地消除各种干扰因素，并准确提取待检测因素的信号密切相关的。阻抗分析法的应用使涡流检测向前跨出了一大步，但是传统的相位分析法均采用单频率鉴相技术，最多只能鉴别被检测试件中的两个参数。单频涡流检测技术应用得较广，如对管材、棒材、线材等金属产品的探伤。但对于许多复杂、重要的构件，如热交换器管道的在役检测，邻近的支撑板、管板等结构部件会产生很强的干扰信号，用单频涡流检测技术很难准确地检测出管子的缺陷；又如对汽轮机叶片、大轴中心孔和航空发动机叶片的表面裂纹、螺纹孔内裂纹、飞机的起落架、轮和铝蒙皮下表面缺陷的检测，具有多种干扰因素待排除。为了使涡流检测仪器在试验中同时鉴别更多的参数，需要增加鉴别信号的元器件，以便获得更多的试验变量，从而有效地抑制多种干扰因素的影响，提高检测的灵敏性、可靠性和准确性，对试件做出正确评价，多频涡流检测技术是采用多个频率同时工作的，能有效地抑制多个干扰因素，一次性提取多个所需的信号。

目前，多频涡流检测技术已经在生产实际中得到应用，由于包含单频涡流检测技术，又能胜任单频涡流检测无法完成的工作，因此具有强大的生命力。可以预期，随着对涡流检测理论的深入研究和科学技术的迅速发展，多频涡流检测技术必将成为涡流检测技术的一个重要组成部分。

5.5.2　远场涡流检测技术

远场涡流检测技术是一种能穿透金属管壁的低频涡流检测技术。探头通常为内通式探头，由激励线圈和检测线圈构成，激励线圈与检测线圈的距离约为管内径的 2 倍。激励线圈通以低频交流电，检测线圈能获取激励线圈穿过管壁后又返回管内的涡流信号，从而有效地检测金属管内、外壁缺陷和管壁的厚薄情况。随着远场涡流检测理论的逐步完善和试验验证，远场涡流检测技术用于管道检测的优越性被广泛认识，一些先进的远场涡流检测系统开始出现，并在核反应堆压力管、石油/天然气输送管和城市煤气管道的检测中得到实际应用。目前，远场涡流检测技术是公认的管道在役检测最有前途的技术之一。

根据远场涡流检测机理，远场涡流检测的特点如下。

① 激励线圈产生的涡流能量能够先后穿透管道内、外壁，形成沿管道轴向传播的远场涡流，突破了传统涡流检测中趋肤效应的限制，能以相同的灵敏度检测到管道深层的缺陷。

② 管壁厚度与相位差近似呈线性关系，所以非常适合进行壁厚检测。

③ 由于能量流穿透管壁，不受趋肤效应的限制，因此可对碳钢或其他强铁磁性管进行有效检测。

④ 远场信号很微弱，一般为 μV 数量级，必须用高灵敏度的锁相放大器才能有效检测信号，因而对仪器的要求较高。

⑤ 通常采用低频激励（频率一般为几十到几百赫兹）。为保证可清楚地显示信号，探头移动的速度不能太快。

⑥ 由于检测线圈距激励线圈较远，探头的轴向尺寸较大，因此不利于通过弯管段。

⑦ 能量流经过管外壁传播，遇到支撑板时会产生极大的干扰信号，若恰在支撑板处有缺陷，则会被干扰信号所湮没，难以检测到。

⑧ 深度相同的内壁缺陷或外壁缺陷以几乎相同的方式影响能量流的衰减和相移，因而具有相同的检测灵敏度。也就是说，远场涡流检测难以分辨内壁缺陷、外壁缺陷。

⑨ 探头在管内抖动（提离）对检测基本无影响。

5.5.3　脉冲涡流检测技术

脉冲涡流检测技术是一种新兴的涡流检测技术，与传统涡流检测技术不同。传统涡流检测采用正弦信号作为激励，而脉冲涡流检测采用具有一定占空比的脉冲信号作为激励信号。由于脉冲信号可以看作一系列不同频率信号的组合，因此可以同时检测试件中不同深度的缺陷，使检测和识别表面与近表面缺陷成为可能。另外，脉冲涡流检测技术还具有检测成本低、操作简便和检测精度高等优点，因而具有较广阔的应用前景。

脉冲涡流检测系统的激励信号是具有一定脉宽的脉冲信号，根据法拉第电磁感应定律，脉冲电流在通过激励线圈时会在其周围空间感应出变化的磁场，该变化的磁场作用于金属材料试件表面，在试件表面产生涡流，变化的涡流又会在周围空间产生变化的磁场。基于激励信号的特征，该涡流磁场会随着时间快速衰减。利用位于激励线圈下面的霍尔传感器便可检测出该衰减的涡流磁场，输出随时间变化的电压信号。如果被检测试件的厚度发生变化或表面附近存在缺陷，霍尔传感器所测得的瞬态感应电压也会发生变化，因此，可以通过分析测得的瞬态感应电压的变化，来研究被检测试件厚度的变化、缺陷的大小及埋藏深度等。

与传统涡流检测技术相比，脉冲涡流检测技术具有诸多优点。

① 在传统涡流检测中，所有的缺陷信息被包含在单频或多频激励下测得的线圈阻抗变化中，而脉冲涡流激励及响应包含的频率范围很宽，可提供足够多的信息，以进行缺陷识别与定量评估。

② 传统的涡流检测对感应磁场进行稳态分析，通过测量感应电压的幅度和相位来确定缺陷的位置，而脉冲涡流检测则对感应磁场进行时域的瞬态分析。

③ 一些由材料结构变化（如被检测线圈提离效应或边缘效应的影响）产生的噪声信号，可以在检测结束后进行处理和补偿。

④ 多频涡流检测系统的价格一般随着频率通道数目的增大而升高，脉冲涡流检测系统的价格低于传统多频涡流检测系统，但效果相当于数百条通道的多频涡流检测系统。

⑤ 由于作为检测元件的霍尔传感器对低频信号的灵敏度较高，而且检测线圈采用脉冲信号激励，可以提供更大的激励能量，因此脉冲涡流检测设备能提供更大的渗透深度。

5.5.4　涡流阵列检测技术

涡流阵列检测技术是近年来出现的一种新的涡流检测技术，是通过涡流检测线圈结构的特殊设计，并借助计算机化的涡流检测仪器的强大分析、计算及处理功能，实现对材料和试件的快速、有效检测。涡流阵列检测技术与传统的涡流检测技术相比，主要的不同点在于：涡流阵列检测技术的检测线圈由多个独立工作的线圈构成，这些线圈按照特殊的方式排布，且激励线圈与检测线圈之间形成两种方向相互垂直的电磁场传播方式，线圈的这种排布方式有利于发现取向不同的线性缺陷。因此涡流阵列检测技术克服了普通线圈对缺陷方向敏感的缺点，还容易克服和消除提离效应的影响。

综上所述，涡流阵列检测技术的主要优点为：①检测线圈尺寸大，扫查覆盖区域大，因此检测效率是常规涡流检测技术的 10～100 倍；②一个完整的检测线圈由多个独立的线圈排列而成，对不同方向的线性缺陷具有一致的检测灵敏度；③根据被检测试件的尺寸和形状进行检测线圈外形设计，可直接与被检测试件形成良好的电磁耦合，不需要设计、制作复杂的机械扫查装置。

习题 5

1．简述涡流检测的基本原理。

2．简述什么是趋肤效应。

3．当激励线圈中通以交流电流时，在试件某一深度上流动的涡流会产生一个与原磁场方向相反的磁场，减小了原磁通量，并导致更深层的涡流减少，所以涡流密度随离表面距离的增大而减小，其变化取决于哪些量？

4．简述初级线圈的视在阻抗平面图的意义。

5．按照涡流检测过程中和试件的相对位置关系，检测线圈可分为哪几类？简述检测线圈在使用过程中与被检测试件的具体的位置关系。

第6章 磁粉检测

6.1 磁粉检测方法及原理

6.1.1 磁粉检测概述

磁粉检测是一种利用漏磁现象来检测材料和试件表面及近表面缺陷的方法，是无损检测的五大常规检测方法之一，由于磁粉检测具有设备简单、操作方便、检测速度快、观察缺陷直观和检测灵敏度较高等优点，被广泛应用于航空航天、机械、轨道交通、冶金、石油等工业领域。

磁粉检测的基本原理是：铁磁性材料试件表面或近表面若存在裂纹等不连续情况，则在外加磁场的作用下，不连续处的磁力线方向会发生改变，使试件表面或近表面的磁力线发生局部畸变而产生漏磁场，吸附施加在试件表面的磁粉，如图 6.1 所示，在合适的光照下形成目视可见的磁痕，显示出缺陷的位置、大小、形状和严重程度。由于漏磁场的作用范围比实际缺陷的宽度大数倍至数十倍，因此，磁痕的宽度比实际缺陷的宽度大得多，便于观察。正因为如此，通过磁粉检测能发现非常细小的缺陷，检测灵敏度极高。

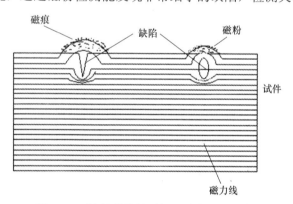

图 6.1 不连续处的漏磁场和磁痕分布示意图

磁粉检测技术作为一项较为成熟的无损检测技术，与其他无损检测技术一样，由其方法和原理所决定，具有自身的特点，其中包含优点和局限性两个方面。

（1）磁粉检测技术的优点

① 显示直观。由于磁粉可直接附着在缺陷位置上形成磁痕，能直观地显示缺陷的形状、位置、大小，因此可大致判断缺陷的性质。

② 检测灵敏度高。磁粉在缺陷上聚集形成的磁痕具有放大作用，可检测的最小缺陷宽度达 0.1μm，能发现深度 10μm 左右的微裂纹。

③ 适应性好。磁粉检测几乎不受试件大小和几何形状的限制，综合采用多种磁化方

法，能检测试件的各个部位；采用不同的检测设备，能适应各种场合的现场作业要求。

④ 效率高、成本低。磁粉检测设备简单，操作方便，检测速度快，价格低廉。

（2）磁粉检测技术的局限性

① 只适用于铁磁性材料及其合金（铁、钴、镍及其合金），不能检测奥氏体不锈钢材料和用奥氏体不锈钢焊条焊接的焊缝，也不能检测铜、铝、镁、钛等非铁磁性材料。

② 只能发现表面和近表面缺陷，可检测的内部缺陷埋藏深度一般为 $1\sim2\text{mm}$，随着缺陷埋藏深度的增大，检测灵敏度迅速下降。

③ 不适用于检测试件表面浅而宽的缺陷、延伸方向与磁力线方向的夹角小于 $20°$ 的缺陷。

④ 不能定量检测缺陷的深度和自身尺寸。

⑤ 检测后需退磁和清洗。

⑥ 检测时，试件表面不得有油脂或其他能吸附磁粉的物质。

6.1.2　磁性材料的分类

根据材料在外磁场作用下其磁特性的变化情况，磁性材料通常可以分为抗磁性材料、顺磁性材料及铁磁性材料。

（1）抗磁性材料

抗磁性材料在无外加磁场时，分子固有磁矩为零；在有外加磁场时，在外加磁场的作用下，分子中电子的轨道运动将受到影响——产生与外加磁场方向相反的附加反向感应磁矩，自旋磁矩可以忽略，呈现非常微弱的磁特性。典型的抗磁性材料有铜、锌、硫、铋、水及惰性气体等。

（2）顺磁性材料

顺磁性材料在无外加磁场时，分子固有磁矩不为零，分子的无规则热运动使分子固有磁矩取向混乱，故物质并不显示磁特性；在有外加磁场时，外加磁场的影响导致分子固有磁矩沿外加磁场方向排列而产生附加磁场，呈现微弱的磁特性。大多数玻璃、锰、铂、铬、铝、铁盐与镍盐的溶液等都属于顺磁性材料。

（3）铁磁性材料

在外加磁场的作用下，铁磁性材料呈现强烈的磁化，能明显地影响磁场的分布。在铁磁性材料中存在许多天然小磁化区，即磁畴。每个磁畴都由多个磁矩阵方向相同的原子组成，在无外加磁场作用时，各磁畴排列混乱，总磁矩相互抵消，对外不显示磁特性。但在外加磁场作用下，磁畴企图转向外加磁场方向排列，形成强烈磁化。因此，铁磁性材料的磁化是外加磁场与磁畴相互作用的结果。撤去外加磁场后，部分磁畴的取向仍保持一致，对外仍然呈现磁特性，称为剩余磁化。随着时间的延长或温度的升高，磁特性会消失。铁磁性材料包括铁、钴、镍及其合金等。

图 6.2 所示为铁磁性材料的磁滞回线，将一块未被磁化的铁磁性材料放入外加磁场中，随着外加磁场强度 H 的增大，材料中的磁感应强度 B 开始时增大得较快，而后增大得较慢

直至达到饱和点 r。当外加磁场强度逐步回到零时，材料中的磁感应强度 B 并不为零而是保持在一定的值 B_r（s 点），称为剩余磁感应强度。要使材料中的磁感应强度 B 减小到零，必须使外加磁场反向，使 B 减小到零所需施加的反向磁场强度 H_c 称为矫顽力。如果反向磁场继续增大，B 可再次达到饱和值。当 H 从负值回到零时，材料具有反方向的剩磁 $-B_r$（v 点）。磁场强度过零再沿正方向增大时，完成一个循环，该闭合曲线称为材料的磁滞回线。如果磁滞回线是细长的，通常说明该材料具有较低的顽磁性，较易磁化；如果磁滞回线是宽的，说明该材料具有较高的顽磁性，较难磁化。

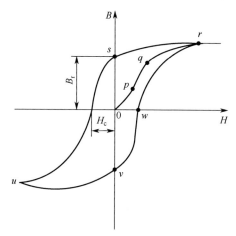

图 6.2　铁磁性材料的磁滞回线

在磁粉检测中能否发现缺陷，首先取决于缺陷处的漏磁场强度是否足够大。要提高检测灵敏度，即发现更细小的缺陷，就必须提高漏磁场强度。试件中的磁感应强度越大，缺陷处的漏磁场强度越大。由于铁磁性材料的磁导率远大于非铁磁性材料的磁导率，因此铁磁性材料容易获得足够大的磁感应强度。

当然，缺陷处的漏磁场强度还取决于缺陷本身的状况，如缺陷的宽度、深度与宽度之比、埋藏深度等。因此，对于具有相同磁感应强度的试件，在不同缺陷处的漏磁场强度也有差异。

6.1.3　磁粉检测方法的分类

磁粉检测通常有以下几种分类方法。

（1）按施加磁粉的时间分类

磁粉检测方法按施加磁粉的时间，可分为剩磁法和连续法。剩磁法是利用试件中的剩磁进行检测的方法。先将试件磁化，切断磁化场后，再对试件施加磁悬液并进行检测。一般来说，经淬火、调质、渗碳、渗氮的高碳钢、合金结构钢采用剩磁法，而低碳钢和处于退火状态或热变形后的钢材则不能采用剩磁法。剩磁法的优点是检测效率高，缺陷磁痕显示干扰少、易识别，并有足够高的检测灵敏度。连续法是在外加磁场作用的同时，对试件施加磁粉或磁悬液。连续法适用于一切铁磁性材料，与剩磁法相比灵敏度更高，但检测效率低于剩磁法，有时还会产生一些干扰缺陷磁痕评定的杂乱显示。

（2）按显示材料分类

磁粉检测方法按显示材料，可分为荧光法和非荧光法。荧光法以荧光磁粉作为显示材料，检测灵敏度高，适用于精密零件等检测要求较高的试件。被检测表面不宜采用普通磁粉的试件也应采用荧光法。采用荧光法时，通常要在暗室内的黑光灯下进行。非荧光法以普通磁粉为显示材料，检测是在自然光下进行的。普通磁粉的种类很多，使用非常广泛。

（3）按磁粉分散介质分类

磁粉检测方法按磁粉分散介质，可分为干法和湿法。干法以空气为分散介质，检测时将干燥的磁粉用喷粉器喷撒到干燥的被检测试件表面。干法适用于粗糙的试件表面，如大型铸件、焊缝表面等。湿法将磁粉分散、悬浮在合适的液体中，如常用油或水作分散剂，称为油或水磁悬液，使用时将磁悬液施加到试件表面。湿法的检测灵敏度高，能检测出细微的缺陷，并且磁悬液可以重复使用。

此外，磁粉检测方法还可以根据磁化方法进行分类，如按磁化电流种类不同和试件磁化方向不同进行分类等。

在实际应用中，正确选择磁粉检测方法是获得理想检测结果的必要条件，选择的依据是被检测试件的形状、尺寸、材质和检测要求等。在确定检测方法之后，还需要对磁化电流种类、磁化方法、磁化场的大小、磁化持续时间、磁粉的种类和磁悬液的浓度等进行选择。

6.1.4 磁化方法

6.1.4.1 按磁化电流种类分类

磁化方法按采用的磁化电流的种类不同，可分为直流磁化法和交流磁化法。

直流磁化法采用低电压、大电流的直流电源对试件进行磁化。由于磁力线稳定，穿透得较深，能发现试件表面较深的缺陷，探伤效果好，将交流电变成直流电需附加设备，因此成本高。

交流磁化法采用低电压、大电流的交流电源对试件进行磁化。磁力线不如前者稳定，趋肤效应使渗透深度较小，只能发现离表面较近的缺陷，但设备简单，成本较低，应用广泛。

6.1.4.2 按通电方式分类

磁化方法按通电方式的不同，可分为直接通电磁化法和间接通电磁化法。

直接通电磁化法就是在试件上直接通电流以产生磁力线进行检测。该法的主要特点是所需设备和检测方法简单，当试件表面接上电源时，要求接触良好，否则会把试件表面烧伤；试件表面接触通电的部位得不到正常磁化，为了发现全部缺陷，至少分两道工序才能完成。

间接通电磁化法就是先给线圈或芯杆通电产生磁场，再利用该磁场来磁化被检测试件。由于间接通电磁化法克服了直接通电磁化法的弊端，因此得到广泛应用。间接通电磁化法又有芯杆法和线圈法之分。

6.1.4.3　按试件磁化方向分类

在磁粉检测中，缺陷能否由磁痕显示和显示的清晰程度主要取决于缺陷漏磁场强度的大小。影响漏磁场强弱的一个重要因素是磁化方向与缺陷延伸方向的夹角：当磁化方向与缺陷延伸方向垂直时，缺陷漏磁场最强，检测灵敏度最高；而当磁化方向与缺陷延伸方向平行时，因为缺陷并不切割磁力线，漏磁场几乎不存在，所以难以检测出缺陷。

在实际应用中，应尽可能选择与缺陷延伸方向垂直（或夹角不小于 45°）的磁化方向，以确保检测效果。但是，由于试件中的缺陷可能有各种取向，有的很难预知，为了发现不同方向的缺陷，发展出了不同的磁化方法，通常为周向磁化、纵向磁化和复合磁化。

（1）周向磁化

周向磁化是在试件中建立一个沿圆周方向、与轴线垂直的磁场，主要用于发现纵向和接近纵向（夹角小于 45°）的缺陷。周向磁化的常用方法有直接通电法、中心导体法、触头法和环形件绕电缆法等。

直接通电法是将试件夹持在检测设备两电极之间，使电流沿轴向通过试件，电流在试件内部及其周围建立一个闭合的周向磁场，如图 6.3 所示。

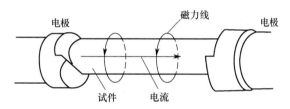

图 6.3　直接通电法原理

中心导体法是利用导电材料作为芯棒，使其穿过带孔的试件，让电流从与孔同心放置的芯棒中通过，从而产生磁场磁化试件的方法。中心导体法产生的磁场与直接通电法一样为周向磁场，用于检测管、环件内外表面的轴向缺陷和端面上的径向缺陷，如图 6.4 所示。

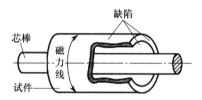

图 6.4　中心导体法原理

触头法是通过两个杆电极将磁化电流引入试件，在电极之间的试件中形成磁场进行局部检测的磁化方法，如图 6.5 所示。

环形件绕电缆法是用软电缆穿绕环形件并通电磁化，形成沿试件圆周方向的周向磁场，用于发现与磁化电流平行的横向缺陷。

（2）纵向磁化

纵向磁化是使试件得到与其轴线方向平行的磁化，用于发现与其轴线方向垂直的横向

（或周向）和接近横向（夹角小于 45°）的缺陷。常用的纵向磁化方法有线圈法、磁轭法、永久磁轭法和感应电流法等。

试件

磁力线

图 6.5　触头法原理

线圈法将试件放在通电线圈中，或将软电缆缠绕在试件上并通电磁化，形成纵向磁场，用于发现试件的横向或周向缺陷。该法适用于纵长试件，如焊接管件、轴、管子、棒材、铸件和锻件的磁粉检测。磁轭法是利用磁轭与试件形成闭合磁路，从而对试件实施纵向磁化的方法，如图 6.6 所示。永久磁轭法是采用永久磁铁作为磁轭对试件进行磁化的方法。感应电流法将铁芯插入环形试件内，把试件当作变压器的二次绕组，通过铁芯中磁通的变化在试件内产生周向感应电流，利用该电流产生的纵向闭合磁力线来检测试件中的缺陷，如图 6.7 所示。

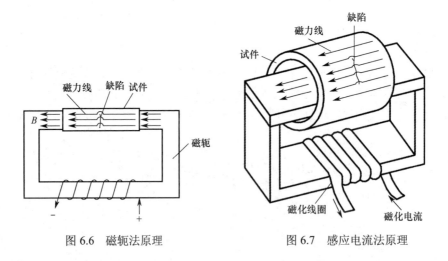

图 6.6　磁轭法原理　　　　　图 6.7　感应电流法原理

（3）复合磁化

周向磁化易于检测纵向缺陷，纵向磁化易于检测横向（或周向）缺陷，对垂直于磁化线的缺陷有很好的检测效果。但是，对于不垂直于磁力线的缺陷，其检测效果则受到影响，为了保证检测的可靠性和可检测出其他种类的缺陷，一般认为，缺陷延伸方向和磁化方向的夹角应大于 45°。由此可见，采用单方向的一次磁化，不可能把所有方向的缺陷都检测出来，而实际试件的缺陷取向可能是很不规则的，为了检测试件上不同方向的缺陷，可把周向磁化和纵向磁化两种方式组合在一起，形成复合磁化。复合磁化形式多样，需要根据试件的形状和检测要求而定。

6.1.5　退磁

通过磁粉检测会对试件磁化，铁磁性材料和试件一旦被磁化，即使在除去外加磁场后，某些磁畴也仍会保持新的取向而不会恢复到原来的随机取向状态，于是该材料中就保留了剩磁。若不退磁，试件中保留的剩磁会对进一步加工和使用造成很大影响，例如，影响试件附近的磁罗盘、仪表和电子元件的正常工作；吸附铁屑和磁粉，影响后续工序的加工质量；影响试件表面磁粉的清除；运动部件吸附磁粉后，会加速其磨损；试件电镀时会影响电镀电流，从而影响电镀质量；电弧焊中会使电弧偏吹，影响焊接质量；在两个方向上磁化时，会影响下一个方向的磁化。由于具有上述影响，因此应对试件进行退磁。

退磁就是将试件内的剩磁减小到不影响使用的程度的工序。退磁时，将试件置于交变磁场中，利用磁滞回线的递减规律进行退磁。随着交变磁场的强度逐渐衰减，磁滞回线的轨迹越来越小。当交变磁场的强度逐渐衰减到零时，试件中残留的剩磁接近零。

常用的退磁方法有交流电退磁法、直流电退磁法及加热试件退磁法。交流电退磁法和直流电退磁法是在试件上不断变换磁场方向的同时，逐渐减小磁场强度，使材料的反复磁滞回线面积不断减小至零，交流电磁化过的试件用交流电进行退磁，直流电磁化过的试件用直流电进行退磁。加热试件退磁法则将材料加热到居里温度以上，使铁磁质变为顺磁质而失去磁特性。

6.2　磁粉检测工艺

6.2.1　磁粉

6.2.1.1　磁粉的分类

磁粉由铁磁材料微粒组成，主要成分为 Fe_3O_4、Fe_2O_3 和工业纯铁粉等。磁粉的种类较多，常用的分类方法有两种：一是根据磁痕显示光源的不同，分为非荧光磁粉和荧光磁粉；二是根据分散剂的不同，分为干式磁粉和湿式磁粉。

（1）非荧光磁粉和荧光磁粉

非荧光磁粉也称普通磁粉，是用于在可见光下观察磁痕显示的磁粉，常用的有 Fe_3O_4 黑磁粉、$\gamma\text{-}Fe_2O_3$ 红褐磁粉、蓝磁粉和白磁粉。前两种磁粉既适用于湿法检测，也适用于干法检测；后两种磁粉只适用于干法检测。荧光磁粉是用于在黑光灯下观察磁痕显示的磁粉。在黑光灯下，荧光磁粉呈黄绿色，色泽鲜明，容易观察，可见度和对比度均较高，适用于任何颜色的被检测表面，具有很高的检测灵敏度，能发现微小的缺陷。使用荧光磁粉能提高检测速度，有效降低漏检率。

（2）干式磁粉和湿式磁粉

干式磁粉用于干法检测，使用时以空气为分散剂施加在被检测试件表面。干法检测被广泛用于大型铸、锻件毛坯及大型结构件焊缝的局部磁粉检测。用干法检测时，干式磁粉与被检测试件表面要先充分干燥，然后用喷粉器或其他工具将呈雾状的干式磁粉施加于被检测试件表面，形成薄而均匀的磁粉覆盖层，同时用干燥的压缩空气吹去局部堆积的多余磁粉。

湿式磁粉用于湿法检测，使用时，需要以油或水为分散剂配制成磁悬液，然后施加在试件表面。与干法检测相比，湿法检测具有更高的检测灵敏度，特别适合检测如疲劳裂纹一类的细微缺陷。湿法检测时，要用浇、浸或喷的方法将磁悬液施加在被检测表面。

6.2.1.2 磁粉的特性

磁粉的特性包括磁特性、粒度、形状、识别度、密度、流动性等。

① 磁特性：磁粉应具有高的磁导率、低的剩磁和较低的矫顽力。高的磁导率能促进快速响应，并能被微弱的漏磁场磁化，提高缺陷的检出能力。低的剩磁与较低的矫顽力可使磁粉容易分散和流动，以免形成不良的衬底和检测后能快速除去磁粉。

② 粒度：磁粉颗粒的大小（粒度）对磁粉的分散性、悬浮性和被漏磁场吸附的难易程度有很大的影响。选择磁粉粒度时，应考虑缺陷性质、尺寸、埋藏深度及磁粉施加方式。干粉检测时，粗大的粉粒不易被弱的漏磁场所吸引和保持，灵敏度随粉粒尺寸的减小而提高，但粉粒过细则不论有无漏磁场都会被吸附在试件整个表面而形成不良衬底。湿粉检测时，由于磁粉悬浮在液体中，较干磁粉可采用细得多的磁粉，这样当磁悬液施加在试件表面时，液体的缓慢流动使磁粉有足够的移动时间被漏磁场吸附而形成磁痕，过细的磁粉则往往会在液体里结成团而不呈悬浮状。

③ 形状：条状磁粉容易被磁化而有助于缺陷显示，但全部由条状颗粒组成会影响磁粉的活动性，容易结块，影响缺陷的显示。一般理想的磁粉应由足够的球状颗粒和高比例的条状颗粒组成，因为球状颗粒具有良好的流动性。

④ 识别度：识别度是指磁粉的光学性能，包括磁粉的颜色或荧光亮度及与试件表面的对比度。非荧光磁粉与试件表面颜色具有对比度时，缺陷磁痕才易被发现。使用荧光磁粉，当试件表面只有极低的可见光反射时，才能提供最高的对比度。

⑤ 密度：磁粉的密度过低，会使流经缺陷部位的磁粉量过小，缺陷显示不明显；磁粉的密度过高，会使试件表面衬底过浓，干扰缺陷的显示。

⑥ 流动性：磁粉需在被检测试件表面流动，以便被漏磁场吸附。在湿法检测中，磁悬液的流动带动磁粉移动。在干法检测时，流动性与使用的电流种类有关，直流电不利于磁粉流动，交流电能促进磁粉流动。

6.2.2 磁粉检测灵敏度

影响磁粉检测灵敏度的因素有很多，例如，磁化方法、磁粉与磁悬液的种类和质量、被检测试件的磁特性、缺陷的大小和性质等。其中，磁化规范是否合理是首要因素，如果磁化不充分，试件表面的细小缺陷则不能清晰显示；磁化过强时，则可能出现伪显示。在检测时，将试件磁化到饱和或近饱和状态，使试件充分磁化，可以得到较高的灵敏度。

磁化电流的种类会影响检测缺陷的深度。由于交流电具有趋肤效应，因此所产生的磁场限制在试件表面；直流电产生的磁场透入试件较深，故可检测埋藏较深的缺陷。

缺陷方向与磁感应线的夹角对检测灵敏度有重大影响。当裂纹方向与磁感应线垂直时可获得最大的检测灵敏度；当裂纹方向与磁感应线平行时，缺陷可能不显示。因此，在实际操作中，要求试件在互相垂直的两个方向分别进行磁化，或采用复合磁化法及旋转磁场法磁化。

磁粉的磁特性越好，粒度越细，检测灵敏度就越高。磁粉的颜色与被检测试件应有足够的对比度，对黑皮试件和内孔检测应采用荧光磁粉。

试件表面的缺陷越大越深，磁化时产生的漏磁场越强，检测灵敏度越高，一般认为宽深比应大于 5。有些开口较宽的表面划痕，即使在磁场强度很大的情况下也不能形成磁粉痕迹。另外，埋藏在表面下的缺陷，距表面越远，则检测灵敏度越低。试件表面的粗糙度越小，清洁度越好，则检测灵敏度越高；反之，检测灵敏度越低。试件表面的镀层或涂层对检测灵敏度有一定影响。

6.2.3　磁粉检测方法的选择

磁粉检测方法按照不同的分类条件，可分为连续法和剩磁法、湿法和干法、荧光磁粉法和非荧光磁粉法。

（1）连续法和剩磁法

连续法适用于所有铁磁材料和试件、形状复杂的试件、表面覆盖层较厚的试件、软磁性材料和试件及设备功率达不到要求时的检测情况。连续法的优点：适用于所有铁磁材料，具有较高的检测灵敏度，可用于多向磁化，交流磁化时不受断电相位的影响，能发现近表面缺陷，干法和湿法均适用。连续法的缺点：检测效率低，易产生非相关显示，目视可达性差。

剩磁法适用于经热处理的高碳钢和合金结构钢及因几何形状的限制无法进行连续法检测的部位，如螺纹根部和筒体内表面等。剩磁法可评价连续法发现的磁痕显示是表面缺陷还是近表面缺陷。剩磁法的优点：检测效率高，有足够的检测灵敏度，缺陷显示重复性好，可靠性高，目视可达性好，易实现自动化，可避免螺纹根部、凹槽和尖角处的磁粉过度堆积。剩磁法的缺点：只适用于高剩磁、高矫顽力材料，不能用于多向磁化，交流磁化受断电相位的影响，对近表面缺陷的检测灵敏度低，不适用于干法检测。

在工艺程序上，连续法与剩磁法施加磁粉和磁悬液的时机不同。根据前述应用范围，满足剩磁法检测条件的材料可用剩磁法，否则一律用连续法。

（2）湿法和干法

湿法的应用范围有检测灵敏度要求高的试件、大批量试件的检测、表面微小缺陷。湿法检测的优点：对试件表面微小缺陷的检测灵敏度高，与固定式设备配合时操作方便、效率高，磁悬液可回收。湿法检测的缺点：对大裂纹和近表面缺陷的检测灵敏度比干法检测低。

　　干法的应用范围有表面粗糙的大型锻件、铸件、毛坯、结构件和大型焊接件焊缝及对检测灵敏度要求不高的试件及大缺陷和近表面缺陷的检测。干法检测的优点：对大裂纹的检测灵敏度高，干法与单相半波整流电配合时对近表面缺陷的检测灵敏度高，可用于现场检测。干法检测的局限性：对小缺陷的检测灵敏度不如湿法，磁粉不能回收且不适用于剩磁法检测。

　　干法检测时，磁粉和被检测试件都应充分干燥，否则易造成假磁痕，且通电磁化时间较长、检测灵敏度较低、易造成污染，故应用不广泛。但在湿法检测受限制时，如检测表面粗糙、高温试件或大截面试件等，可采用干法检测。湿法检测应用广泛，可采用喷检、浸泡试件等多种方法。

　　（3）荧光磁粉法和非荧光磁粉法

　　由于检测灵敏度不同，两种不同显示材料的检测效果也是不同的，荧光磁粉法的检测效果优于非荧光磁粉法。但荧光磁粉法必须满足照明条件，即在暗室中和黑光灯下进行。若不满足照明条件，荧光磁粉法的检测灵敏度就会下降。对于检测要求高的试件、精密试件和因色泽对比原因不宜采用非荧光磁粉法的试件，应采用荧光磁粉法。

　　非荧光磁粉的品种很多，使用可见光照明方便，故应用广泛。非荧光磁粉的检测能力与磁粉粒度有很大关系，大粒度磁粉适用于大宽度缺陷的检测，小粒度磁粉则可以检出宽度很小的缺陷。在实际应用中，常用小粒度磁粉与偏大的磁化电流相匹配，以检测微小缺陷；用大粒度磁粉与偏小的磁化电流相匹配，以检测粗糙表面的大缺陷。

6.2.4　磁粉检测工艺程序

　　磁粉检测方法不同，其检测工艺程序也不同。磁粉检测的工艺程序与施加磁粉或磁悬液的时机密切相关。连续法中，施加磁粉或磁悬液与外加磁场的磁化是同步进行的，其检测工艺程序如图6.8所示。剩磁法在外加磁场的磁化完成以后，再将磁悬液施加到试件上，其检测工艺程序如图6.9所示。

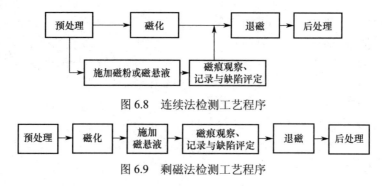

图6.8　连续法检测工艺程序

图6.9　剩磁法检测工艺程序

　　（1）预处理

　　因为磁粉检测是对试件的表面缺陷和近表面缺陷进行检测的，试件的表面状况对磁粉检测的操作和检测灵敏度有很大影响，所以在磁粉检测前应做好预处理工作。预处理包括清洗、打磨、分解、封堵及涂敷等。

清洗包括清理试件表面的油污、铁锈、毛刺、氧化皮、飞溅、油漆等。使用水磁悬液时试件表面要认真除油，使用油磁悬液时试件表面不应有水。干法检测时，试件表面应干净和干燥。对具有非导电覆盖层的试件通电磁化时，必须将与电极接触部位的覆盖层打磨掉。装配件一般应在分解后检测。当试件上有盲孔，磁悬液流入后难以清洗时，检测前应将盲孔用非研磨性材料封堵，防止磁悬液流入。但检测使用过的试件时，应确保封堵物不掩盖疲劳裂纹。当磁粉颜色与试件表面颜色的对比度小或试件表面过于粗糙而影响磁痕显示时，为了提高对比度，可以使用反差增强剂。

（2）磁化

磁化试件是磁粉检测中较为关键的工序，对检测灵敏度的影响很大。磁化不足会导致缺陷的漏检，磁化过度会产生非相关显示进而影响缺陷的正确检测。磁化试件时，要根据试件的材质、结构、尺寸、表面状态及需要发现的不连续性缺陷的性质、位置和方向来选择磁粉检测方法和磁化方法、磁化电流、磁化时间等工艺参数，使试件在缺陷处产生强度足够的漏磁场，以便吸附磁粉而形成磁痕显示。

（3）施加磁粉或磁悬液

干法检测时，磁化时施加磁粉，将磁粉在试件表面摊成薄而均匀的一层，吹去多余磁粉，有顺序地从一个方向吹向另一个方向，观察和分析磁痕后再去除磁场。湿法检测时，如采用连续法，宜用浇法，液流应微弱而均匀；如采用剩磁法，用浇法、浸法均可，浸法的检测灵敏度高于浇法。

（4）磁痕观察、记录与缺陷评定

磁粉在被检测表面聚集形成的图像称为磁痕。磁痕观察是磁粉检测的关键，要求在合适的照明条件下进行，观察磁痕应使用 2～10 倍的放大镜。观察非荧光磁粉的磁痕时，要求被检测表面的白光照度达到 1500lx 以上；观察荧光磁粉的磁痕时，要求被检测表面的紫外线（黑光）照度不小于 970lx，同时可见光照度不大于 10lx。

在实际的磁粉检测中，磁痕的成因是多种多样的。观察磁痕时，应特别注意区别假磁痕显示、无关显示和相关显示（缺陷磁痕）。在通常情况下，正确识别磁痕需要丰富的实践经验，同时还要了解被检测试件的制造工艺。如不能判断出现的磁痕是否为相关显示，应进行复验。对于已经确认的相关显示，需要再区分磁痕属于条形磁痕还是圆形磁痕，按磁痕方向确定属于纵向缺陷还是横向缺陷。磁粉检测不仅要检测出最小缺陷，还应对检测出的最小缺陷进行完整的描述，再根据相关标准的内容进行磁粉检测质量的分级或按某具体产品的磁粉检测质量进行缺陷的评定，从而判定产品合格与否。

有时试件上的缺陷磁痕显示记录需要连同检测结果一起保存下来，作为永久性记录。缺陷磁痕显示记录的内容有磁痕显示的位置、形状、尺寸和数量等。缺陷磁痕显示记录一般采用照相、贴印、摄像、临摹等方法。

（5）退磁

在大多数情况下，被检测试件上带有的剩磁是有害的，故须退磁。所谓退磁，就是将被检测试件内的剩磁减少到不妨碍使用的程度。

（6）后处理

磁粉检测以后，应清理表面残留的磁粉或磁悬液。油磁悬液可用汽油等溶剂清理；水磁悬液应先用水进行清洗，然后干燥。如有必要，可在被检测表面涂敷防护油。干粉可以直接用压缩空气清除。如果使用了封堵物，应将其取出；如果涂覆了反差增强剂，应将其清洗掉。

习题 6

1. 简述磁粉检测的基本原理。
2. 磁粉检测的工艺程序有哪些？
3. 简述什么是剩磁法与连续法，以及这两种方法的特点与适用范围。
4. 简述湿法和干法的特点与适用范围。
5. 磁粉检测完成后，为什么要对试件进行退磁处理？

第7章　渗透检测

7.1　渗透检测概述

渗透检测是一种基于液体毛细作用原理，用于检测和评价工程材料、零部件和产品表面开口缺陷的一种无损检测方法。渗透检测的原理是首先在被检测试件表面施涂一层含有荧光染料或着色染料的液体（渗透剂），由于这类液体的渗透力较强，对微细孔隙具有渗透作用，渗透剂会渗入表面开口的缺陷中；然后用水或溶剂清洗被检测试件表面多余的渗透剂，再将吸附介质（显像剂）喷或涂于被检测试件表面，缺陷中的渗透剂在毛细作用下重新被吸附到试件表面，形成放大了的缺陷显示。在黑光灯（荧光渗透检测法）或在白光灯（着色渗透检测法）下观察缺陷显示，从而检测缺陷的形貌及分布状态。

渗透检测是用于检测非多孔性金属和非金属试件表面开口缺陷的一种无损检测方法，也是一种把缺陷图像扩大，以目视观察找出缺陷的方法。渗透检测可用于检测各种类型的裂纹、气孔、疏松、冷隔及其他表面开口的缺陷，也可检测各种金属材料、非金属材料。

渗透检测的特点有：①缺陷显示直观，检测灵敏度高；②检测所需设备简单，检测的速度快，操作比较简便，对大批量试件易实现自动检测；③便携式渗透检测设备不受场地、条件的限制，在现场、野外和无水无电的情况下仍然可以进行检测；④工作原理简明易懂，操作简单，检测人员经过较短时间的培训和实践就可以独立地进行操作；⑤基本不受被检测试件的几何形状、尺寸、化学成分和内部组织结构的限制，一次渗透检测操作可同时检测出试件表面开口的各个方向、各种形状的缺陷。

渗透检测的局限性有：①渗透检测是利用渗透剂渗入试件表面缝隙的方法来显示缺陷的，故只能检测表面开口缺陷，不能显示缺陷的深度及缺陷内部的形状和大小；②无法或难以检测多孔的材料，对于表面过于粗糙、结构疏松的粉末冶金试件或其他多孔材料，也不宜采用此法，因为渗透剂会进入细孔，而每个小孔都会像缺陷一样显示出来，以致难以判断真缺陷；③影响渗透检测灵敏度的因素较多，难以定量地控制检测操作程序，同时受到检测人员的经验、认真程度和视力敏锐程度的影响；④检测缺陷的重复性差；⑤进行荧光检测时，需要配备黑光灯和暗室，在没有电力和暗室的环境中无法工作。

7.2　渗透检测的物理基础

（1）表面张力

液体表面如张紧的薄膜，有收缩至面积最小的趋势，如荷叶上的小水滴收缩成球形，玻璃板上的水银收缩成球形，缝衣针可以轻轻地放在水面上而不下沉等，这些现象都说明液体表面存在张力。这种存在于液体表面使液体表面收缩的力称为液体的表面张力。

　　液体的表面张力是两个共存相之间出现的一种界面现象，是液体表面层收缩趋势的表现。表面张力可以用液面对单位长度边界线的作用力来表示，即用表面张力系数来表示，其单位为 N/m。液体表面层中的气体分子一方面受到液体内部的吸引力，称为内聚力；另一方面受到其相邻气体分子的吸引力。由于相邻气体分子的吸引力比内聚力小，因此液体表面层中的气体分子有被拉进液体内部的趋势。一般来说，容易挥发的液体的表面张力系数比不易挥发的液体的表面张力系数小。

　　影响液体表面张力的主要因素如下。

　　① 不同的物质具有不同的表面张力，主要是因为不同物质的分子间相互作用不同。相互作用强烈，不易脱离体相，表面张力就大。如水分子间因为有氢键作用，所以水是常见液体中表面张力较大的液体。

　　② 液/液界面张力是指两种互不相溶或部分互溶液体相互接触时，在界面上的表面张力。和液/气界面张力一样，液/液界面张力产生的原因是两种液体对界面层分子的吸引力不同。因此，可以预料液/液界面张力的数值一般都在两种纯液体的表面张力之间。

　　③ 由于温度升高，分子热运动加剧，体系体积膨胀，分子间距离增大，分子间引力减小，因此表面张力减小。换言之，温度升高，液体的饱和蒸气压增大，气体的分子密度增大，也使气体分子对液体表面层分子的引力增大，导致液体表面张力减小。

　　④ 因为液体表面层物质密度低于液体体相密度，所以表面张力随压力的增大而增大。但实际情况则相反，表现为表面张力随压力的增大而减小。这是因为气体压力增大，气体中物质在液体中的溶解度增大，并可能产生吸附，会使表面张力减小。压力对液体表面张力的影响很小，即使实际观测到压力对表面张力有某些影响，也可能是由气体的吸附与溶解引起的。因此，液体表面张力一般随气体压力的增大而减小。

　　⑤ 在液体内加入杂质，液体的表面张力系数将显著改变，有的表面张力系数增大，有的表面张力系数减小。使表面张力系数减小的物质称为表面活性物质，常用的表面活性物质称为表面活性剂。

（2）润湿现象

　　润湿是指在固体表面一种流体取代另一种与之不相溶的流体的过程。最常见的润湿现象是一种液体从固体表面置换空气，例如，水在玻璃表面为置换空气而铺开。

　　液体与固体交界处有两种现象：第一种现象是液体分子之间的相互作用力大于液体分子与固体分子之间的相互作用力，称为固体不被液体润湿，例如，水银在玻璃板上收缩成水银珠、水滴在有油脂的玻璃板上形成水珠；第二种现象是液体分子之间的相互作用力小于液体分子与固体分子之间的相互作用力，称为固体被液体润湿，如水滴在洁净的玻璃板上会迅速铺开并附着在玻璃板上。润湿与不润湿现象是在液体、固体及气体这三者相互接触的表面所发生的特殊现象，是固体表面结构与性质、液体的性质及固/液界面分子间相互作用力等微观特性的宏观结果。

　　润湿是由液体与固体接触时两者的分子间引力引起的。把不同类分子间引力引起的两类物质间的黏结作用称为黏附力；把同类分子间引力引起的同类物质的凝聚和抱团作用称为内聚力。润湿的程度是由液体和固体的黏附力及各种内聚力决定的。当一滴液体落于固体表面时，黏附力促使液滴在表面铺开，而内聚力则促使液滴保持球状并避免与表面有更多的接触。

　　在液体与固体接触面的边界处任取一点，作液体表面及固体表面的切线，这两条切线的夹角称为接触角。常见的润湿过程往往涉及气、液、固三相，因此存在液/气、固/液与固/气三个界面，但三相之间的直接接触在一条三相线上。在气/液/固系统的三相线上作用着三种界面张力，即液/气界面张力、固/气界面张力和固/液界面张力。固/气界面张力把液体拉开，使液体往固体表面铺开；固/液界面张力使液体收缩，阻止液体往固体表面铺开；液/气界面张力则视接触角的大小而定，有时使液体收缩，有时使液体铺开。

　　接触角越小，润湿性越好，当接触角等于 0° 时，此时液体对固体完全润湿，液体将在固体表面完全铺开，铺成一个薄层。当接触角等于 180° 时，液体对固体完全不润湿，当液体量小时，则在固体表面收缩成一个圆球。习惯上，以 90° 接触角为分界线，接触角大于 90° 时不能润湿，液滴将尽可能呈球形，接触角小于 90° 时能润湿，液体会在固体表面铺开。

　　对于指定的固体，液体的表面张力越小，其在该固体上的接触角也越小。对同一液体，固体的表面自由能越大，接触角越小。对于同种固体而言，不同的液体与其接触时的接触角不同，例如，水能润湿玻璃，但水银不能润湿玻璃；同一液体，对于不同的固体而言，接触角也不同，可能是润湿的，也可能是不润湿的，例如，水能润湿干净的玻璃，却不能润湿石蜡。

　　同一液体在同一固体的粗糙表面和平滑表面的接触角不相同。当接触角大于 90° 时，固体表面粗糙度越大，接触角越大，表示润湿性越差；当接触角小于 90° 时，固体表面粗糙度越大，接触角越小，表示润湿性越好。

　　固体表面，特别是高能固体表面能自发地从周围环境中吸附某些组分而降低表面自由能，同时改变了表面性质，从而影响接触角的大小。其他如温度、液滴形成时间等都可能对接触角产生影响。

　　在渗透检测中，润湿性能是渗透剂的重要指标，综合反映了液体的表面张力和接触角两种物理性能指标。只有当渗透剂充分地润湿试件表面时，渗透剂才能向狭窄的缝隙内渗透。

　　（3）液体的毛细现象

　　内径小于 1mm 的细小管子称为毛细管，将一根毛细管插入盛有液体的容器中，如果液体能润湿管壁，那么液体会在管子内上升，使管内的液面高于容器里的液面；如果液体不能润湿管壁，管内的液面就会低于容器里的液面，如图 7.1 所示。通常将这种润湿管壁的液体在毛细管中上升，而不润湿管壁的液体在毛细管中下降的现象称为毛细现象。例如，当把毛细玻璃管插入水中时，水能润湿玻璃管壁，玻璃管内的液面呈凹形，在玻璃管中的水面会自发地上升到一定高度；当把毛细玻璃管插入水银中时，水银不能润湿玻璃管壁，玻璃管内的液面呈凸形，在玻璃管中的水银面会自发地下降到一定高度。

　　液体在毛细管中上升或下降的高度可用 $h = \dfrac{2\sigma\cos\theta}{r\rho g}$ 计算，其中，h 为液体在毛细管中上升或下降的高度，σ 为液体的表面张力系数，θ 为液体对固体表面的接触角，ρ 为液体的密度，r 为毛细管的内径，g 为重力加速度。由上述公式可知，液体在毛细管中上升的高度与表面张力系数和接触角余弦的乘积成正比，与毛细管的内径、液体的密度和重力加速度成反比。故把毛细玻璃管插入可润湿的水中，可看到管内水面升高，且毛细玻璃管的内径越小，水面上升得越高；把毛细玻璃管插入不可润湿的水银中，管内水银面会降低，且毛细玻璃管的内径越小，水银面下降得越低。

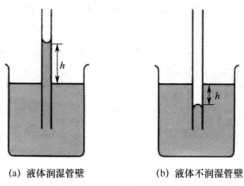

(a) 液体润湿管壁　　　　　　　　(b) 液体不润湿管壁

图 7.1　毛细现象示意图

润湿液体在间距很小的两平行板间也有毛细现象，该润湿液体的液面为弯月凹形，如图 7.2 所示。润湿液体在两平行板内的液面高度可用 $h' = \dfrac{2\sigma\cos\theta}{d\rho g}$ 计算，其中，d 为两平行板的间距。比较润湿液体在毛细管和两平行板内的液面上升高度可知，在间距为 d 的平行板间，润湿液体上升的高度恰为相同液体在直径为 d 的管内上升高度的一半。

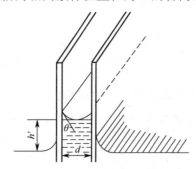

图 7.2　平行板间毛细现象示意图

（4）渗透检测的基本原理

在渗透检测中，渗透剂渗入试件表面开口的细小缺陷中及显像剂吸出已渗透到缺陷中的渗透剂，其实质是液体的毛细现象。对于表面开口的点状缺陷（如气孔、砂眼）的渗透，相当于渗透剂在毛细管内的毛细作用；对于表面条状缺陷（如裂缝、夹杂和分层断面的缝隙）的渗透，相当于渗透剂在间距很小的两平行板间的毛细作用。

在实际检测中，试件中的缺陷按渗透剂的渗透方向分为穿透性缺陷和非穿透性缺陷。上述讨论的毛细管内液面高度的计算公式只适用于穿透性缺陷，但试件中的穿透性缺陷是不常见的，常见的是非穿透性缺陷，而非穿透性缺陷的一端是封闭的，如图 7.3 所示。

对于图 7.3（a）所示的非穿透性缺陷，缺陷为开口于试件表面的缝隙，但不是穿透试件壁厚的缺陷。渗透剂必须润湿试件表面才能渗透到细小的缝隙中，当渗透剂涂覆于有开口缺陷的试件表面时，具有足够润湿性能的渗透剂将润湿缺陷内表面，根据润湿液体的毛细现象，缺陷内将形成一个向液体内凹的弯月面，方向指向液体外，渗透深度 $h = \dfrac{2\sigma b \cos\theta}{d(p_0 - \rho g b)}$，其中，$b$ 为缺陷高度，p_0 为大气压强，ρ 为渗透剂的密度。对于图 7.3（b）所示的非穿透性缺陷，缺陷内将形成一个向液体内凹的弯月面，方向指向封闭缺陷内，液面高度

$$h = \frac{2\sigma b \cos\theta}{d(p_0 + \rho g b)}。$$

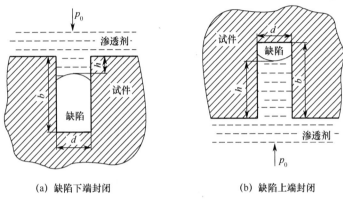

(a) 缺陷下端封闭　　　　　　　　　　(b) 缺陷上端封闭

图 7.3　非穿透性缺陷示意图

　　非穿透性缺陷开口位于试件的上表面和下表面对渗透剂的渗透深度是有影响的：渗透剂渗入缺陷内形成液柱的重力，对于缺陷开口位于试件的上表面的情况，对渗透深度是有利的；相反，对于缺陷开口位于试件的下表面的情况，对渗透深度是不利的。表面张力系数 σ 增大，渗透深度 h 也相应增大。

　　渗透剂在向缺陷内渗透的过程中，按上述情况建立起来的平衡关系属于不稳定平衡。因为缺陷内存在气体，所以所产生的反压强是很大的。如果缺陷呈细长状，渗透剂未完全封闭整个缺陷表面，而由于外界的某种原因，如敲击、震荡等，缺陷内气体就会以气泡形式冒出液面。这样缺陷内受压气体产生的反压强就会减小，渗透剂对缺陷内壁的润湿程度就会增大，处于固、液、气三相界面上的液体分子就会建立新的平衡。因此，只要渗透剂的量足够大，渗透时间足够长，多数情况下渗透剂就能充满缺陷内槽。穿透性缺陷内的空气是很容易排出的，渗透剂向缺陷内渗透比较容易。

　　渗透检测所用显像剂的颗粒直径处于微米级，甚至更小，因此这些微粒之间可以形成许多直径很小的毛细管。当这些颗粒覆盖在试件表面时，渗透剂能润湿显像剂颗粒，缺陷中的渗透剂容易在毛细管内上升。由毛细现象可知，微粒间形成的毛细管半径越小，弯曲液面产生的附加压强就越大。因此，缺陷中的渗透剂势必会被显像剂微粒充分吸附并加以扩展，使试件上微细的缺陷得到放大显示，易于人眼观察。

7.3　渗透检测剂

　　渗透检测剂是用来检测试件表面开口缺陷的试剂，包括渗透剂、清洗剂、乳化剂及显像剂等。

7.3.1　渗透剂

（1）渗透剂的分类

渗透剂按所含的染料成分，可分为荧光渗透剂、着色渗透剂及荧光着色渗透剂三大类。荧光渗透剂含有荧光染料，在黑光照射下，缺陷图像会发出黄绿色荧光，需在暗室的黑光灯下观察缺陷图像。着色渗透剂含有红色染料，在白光下观察缺陷图像，缺陷图像会显示红色。荧光着色渗透剂含特殊染料，缺陷图像在白光下会显示鲜艳的暗红色，在黑光照射下会显示明亮的荧光。

渗透剂按溶解染料的基本溶剂，可分为水基渗透剂和油基渗透剂两大类。水基渗透剂以水为基本溶剂，在水中溶解染料。油基渗透剂的基本溶剂是油类物质。与水基渗透剂相比，油基渗透剂的渗透能力更强，检测灵敏度更高。

渗透剂按多余渗透剂的去除方法，可分为水洗型渗透剂、后乳化型渗透剂和溶剂去除型渗透剂三种。水洗型渗透剂又分为水基渗透剂和自乳化型渗透剂，水基渗透剂直接用水去除试件表面多余的渗透剂，自乳化型渗透剂是指在油基渗透剂中加入一定数量的乳化剂，也可以直接用水清洗去除试件表面多余的渗透剂。后乳化型渗透剂中不含乳化剂，试件表面多余渗透剂的去除需要增加乳化剂乳化这一工序，然后才能用水清洗去除。溶剂去除型渗透剂用有机溶剂将试件表面多余的渗透剂去除。

（2）渗透剂的组成

通常，渗透剂是由溶质和溶剂组成的溶液。有少数渗透剂是悬浮液，如过滤型微粒渗透剂可使发光染料微粒悬浮于渗透剂中。溶液型渗透剂的主要成分是染料、溶剂和表面活性剂及其他多种用于改善渗透剂性能的附加成分。染料通常可分为荧光染料和着色染料，荧光染料是荧光渗透剂的发光剂，着色染料是着色渗透剂的颜色显示剂。溶剂用于溶解染料和起渗透作用。表面活性剂用于减小表面张力，增强润湿作用。

（3）渗透剂的性能

理想的渗透剂应具备以下主要性能。

① 渗透力强，能较容易地渗入试件表面细微的缺陷中。

② 有较好的截留性能，能较好地保留在表面开口的缺陷中，即便是浅而宽的开口缺陷，也不容易被清洗出来。

③ 清洗性好，容易从试件表面清洗去除。

④ 有良好的润湿显像剂的能力，可充分润湿试件且不产生难闻的气味。

⑤ 操作性良好，扩展成薄膜时，对荧光渗透剂仍有足够的荧光亮度，对着色渗透剂仍有鲜艳的颜色。

⑥ 在储存和保管中需保持稳定，稳定性不受温度的影响。

⑦ 有较好的化学惰性，不会使金属腐蚀、变色。

⑧ 闪点高，不易着火。渗透剂的闪点是指液体在温度上升过程中，液面上方挥发出充分的可燃性蒸气且与空气混合，以明火与之接触发生短暂的闪光现象时的渗透剂最低温度。

闪点不是燃点，燃点是液体遇到明火可形成连续燃烧的最低温度，燃点高于闪点。通常，闪点低，燃点也低，引起着火的危险性大。从安全方面考虑，渗透剂的闪点越高，越安全。

⑨ 对操作人员的健康无害。

⑩ 废液及清洗后的污水处理简单。

7.3.2　清洗剂

（1）清洗剂的分类

渗透检测中的清洗剂可用于被检测试件表面预处理、去除被检测试件表面多余渗透剂及被检测试件表面后处理等环节。采用清洗剂可去除试件表面的污垢、油脂。清洗剂可分为水、有机溶剂和乳化液等。

水是自然界中存在的重要溶剂。在工业清洗中，水既是多数化学清洗剂的溶剂，又是许多污垢的溶剂。在清洗中，凡是可以用水除去污垢的场合，就不用其他溶剂和各种添加剂。

常用的有机溶剂有两类：一类是有机烃类，如煤油、汽油、丙酮等；另一类是有机氯化烃类，如三氯乙烯、四氯乙烯等。有机烃类有机溶剂的毒性小，对大多数金属无腐蚀作用，但易燃；有机氯化烃类有机溶剂的除油速度快，效率高，不燃，允许加温操作，除油液能再生循环使用，对大多数金属（铝、镁除外）无腐蚀作用，但毒性很大。由于大部分有机溶剂都易燃或有毒，因此操作时要注意安全，保持良好的通风和换气。

在有机溶剂中添加体积分数约为 10% 的乳化剂和 10～100 倍的水，就成为乳化液，适用于去除大量油脂。在乳化液体系中，乳化剂有促使溶有油脂的溶剂乳化、分散，形成乳浊液而将油脂带离被检测试件表面的作用。

（2）清洗剂的性能

清洗剂的性能要求是恰好溶解渗透剂、清洗时挥发适度、在储存和保管中保持稳定、不使金属腐蚀与变色、无不良气味、毒性小等。清洗剂不应与荧光渗透剂发生化学反应，不应猝灭荧光染料的荧光。如果试件表面足够光洁，在不用清洗剂就能清除干净的场合，应尽量不用清洗剂，而用干净不脱毛的布或纸巾沿一个方向擦拭，这对提高检测灵敏度是有利的。

7.3.3　乳化剂

渗透检测中的乳化剂用于乳化不溶于水的试件表面多余渗透剂的洗涤材料，是后乳化型渗透检测中不可缺少的重要组成部分。

（1）乳化作用

两种互不相溶的液体，其中一相以微滴状分散于另一相中，这种作用称为乳化作用。把油和水一起倒进容器中，静置后会出现分层现象，形成明显的界面。如果加以搅拌，使油分散在水中，形成乳浊液，由于体系的表面积增大，虽能暂时混合，但稍加静置，又会分成明显的两层。如果在容器中加入少量的表面活性剂（如加入肥皂或洗涤剂），再搅拌混合，可形成稳定的乳浊液。表面活性剂的分子具有亲水基和亲油基两个基团，这两个基团不仅具有防止油和水两相互相排斥的功能，而且具有把油和水两相连接起来不使其分离的特殊功能。因此，在使用了表面活性剂后，表面活性剂吸附在油、水的边界上，以其两个基团把细微的油粒子和水粒子连接起来，使油以微小的粒子形式稳定地分散在水中。这种使不相溶的液体混合成稳定乳化液的表面活性剂叫作乳化剂。

乳化剂一般有以下几种物质：①表面活性剂，如肥皂、洗涤剂等；②具有亲水性质的大分子化合物，如明胶、蛋白质和树胶等；③不溶性固体粉末，如 Fe、Cu、Ni 的碱式硫酸盐，以及 $PbSO_4$、Fe_2O_3、$CaCO_3$、黏土及炭黑等。若选择离子型表面活性剂作为乳化剂，则会在油/水界面上形成双电层和水化层，起进一步防止油滴聚集的作用；若选择非离子型表面活性剂作为乳化剂，则会在油滴周围形成比较牢固的水化层，起防凝聚作用。

经乳化作用形成的油、水分散体系叫作乳状液。乳状液有两种类型：一种是水包油型乳状液，即油类液体呈微粒状分散在水中，其中油是内相、水是外相，例如，牛奶就是奶、油分散在水中形成的水包油型乳状液；另一种是油包水型乳状液，即水呈微粒状分散在油中，其中水是内相、油是外相，例如，新开采出的含水原油就是微小水珠分散在石油中形成的油包水型乳状液。一般来讲，亲水性强的乳化剂易形成水包油型乳状液，而亲油性强的乳化剂易形成油包水型乳状液。

乳化剂都是表面活性剂，但不是所有的表面活性剂都能成为良好的乳化剂，只有在水中能形成稳定胶束的表面活性剂才具有良好的乳化分散能力。乳化剂与被乳化物应有相似的分子结构，应能显著地减小被乳化物与水之间的界面张力。乳化剂应具有强烈的水化作用，在乳化粒子周围形成水化层，或使乳化粒子带有较高电荷，以阻止乳化粒子聚集。凡能减小界面张力的添加物都有利于乳状液的形成及稳定，但是低的界面张力并不是决定乳状液稳定性的唯一因素。固体粉末作为乳化剂可形成相当稳定的乳状液。因此，减小界面张力虽使乳状液易于形成，但单靠界面张力的减小还不足以保证乳状液的稳定性。选择乳化剂时应满足以下原则：①有良好的表面活性，能显著降低油/水界面张力并能在界面上吸附；②乳化剂在油/水界面上能形成稳定的和紧密排列的凝聚态膜；③水溶性乳化剂易得水包油型乳状液，油溶性乳化剂易得油包水型乳状液；④乳化剂应能适当增大外相黏度，以减小液滴的聚结速度；⑤满足乳化体系的特殊要求，如要求渗透剂低毒或无毒。

（2）渗透检测中的乳化作用

乳化剂的乳化作用在清洗试件表面多余的渗透剂过程中起重要作用。对试件表面多余的渗透剂的清洗有水清洗、乳化剂清洗及溶剂清洗三种方法。其中，用溶剂清洗利用渗透剂与溶剂之间的化学反应，生成另一种物质；或溶剂稀释、溶解于渗透剂而清洗掉试件表面多余的渗透剂。用水清洗和用乳化剂清洗主要利用表面活性剂的乳化作用以达到清洗试件表面多余渗透剂的目的。下面主要分析如何利用表面活性剂的乳化作用去除试件表面多余的渗透剂。

自乳化型渗透剂含有表面活性剂的成分，利用表面活性剂的乳化作用，用水可以直接清洗掉试件表面多余的渗透剂。渗透检测中使用的渗透剂属于油类物质，所以只有采用水包油型的表面活性剂才能清除试件表面多余的渗透剂。表面活性剂分子本身具有性质不同的极性基团，即亲水基和亲油基。当渗透剂含有这样的表面活性剂时，其亲油基一端与渗透剂相连，亲水基一端游离在空气中，定向整齐地排在渗透剂的表面。当用水清洗试件表面多余的渗透剂时，亲水基一端很快与水结合在一起，由于用的是水包油型的表面活性剂，这种表面活性剂的亲水极性大于亲油极性，加上水的冲洗，从而减小渗透剂在试件上的附着力，在水分子的吸引和水压的作用下，渗透剂很容易以液滴形式从试件上脱落下来。离开试件表面的渗透剂液滴同样含有表面活性剂，表面活性剂分子迅速、自发、定向而整齐地排列在液滴的整个表面层上，亲水基朝向水、亲油基朝向渗透剂液滴内，在液滴表面形成了单分子膜，使从试件表面脱落下来的渗透剂液滴稳定地分散于水中，并随水流而被冲掉，从而达到清洗试件表面多余渗透剂的目的。

后乳化型渗透剂不含表面活性剂，为了清洗掉试件表面多余的渗透剂，必须多加一道乳化工序，即在试件表面存有多余渗透剂的情况下，涂敷一层乳化剂。对于试件表面多余的渗透剂，乳化剂的亲油基渗入渗透剂内，亲水基游离于空气中，在水的作用下，可达到清洗的目的。要求乳化剂具有良好的洗涤作用，高闪点，低的蒸发速率，无毒、无腐蚀作用，抗污染能力强，一般乳化剂都是渗透剂生产厂家根据渗透剂的特点配套生产的，可根据渗透剂的类型合理选用。

7.3.4　显像剂

显像剂是渗透检测中的关键材料，是施加于试件表面、加快缺陷中渗透剂渗出和增强渗透显示的材料。显像剂的显像过程与渗透剂渗入缺陷的原理是一样的，都属于毛细现象。由于显像剂中的显像颗粒非常细微，其颗粒为微米级，当这些微粒覆盖在试件表面时，颗粒之间的间隙类似于毛细管，因此缺陷中的渗透剂很容易沿着这些间隙上升，并回渗到试件表面，形成显示。

（1）显像剂的分类

显像剂按使用方法，可大致分为干式显像剂、湿式显像剂及塑料薄膜显像剂，其成分虽然各不相同，但主要作用都是吸出渗入缺陷内部的渗透剂的显像颗粒。干式显像剂以干燥的白色颗粒为显像剂。湿式显像剂有水悬浮显像剂、水溶解显像剂和溶剂悬浮显像剂。

干式显像剂是荧光渗透检测中最常用的一种显像剂，通常是白色的无机颗粒，如氧化镁、碳酸镁、二氧化硅及氧化锌等。干式显像剂要求吸水、吸油性能好，润湿性好，并仅在试件表面形成一层薄膜。干式显像剂在黑光照射下应不发荧光，对被检测试件和存放容器不腐蚀，无毒，对人体无害。

水悬浮显像剂是将干式显像剂按比例加水配制成的，要求试件表面有较小的表面粗糙度，使用前要充分搅拌均匀。该类显像剂易沉淀结块，不适用于水洗型渗透检测剂体系，检测灵敏度比较低。

水溶解显像剂将显像剂结晶颗粒溶解在水中，克服了水悬浮显像剂容易沉淀、不均匀、可能结块的缺点。水溶解显像剂的结晶颗粒多为无机盐类，白色背景不如水悬浮显像剂，要求试件表面较为光洁。水溶解显像剂不适用于水洗型渗透检测剂体系，也不适用于着色渗透检测系统。

溶剂悬浮显像剂是将显像颗粒加在具有挥发性的有机溶剂中，再加上适量的表面活性剂构成的。由于有机溶剂挥发快，因此又称速干式显像剂。溶剂悬浮显像剂通常装在喷罐中与着色渗透剂配合使用。溶剂悬浮显像剂中的有机溶剂的渗透能力较强，能渗入缺陷，挥发过程中把缺陷中的渗透剂带回到试件表面，故显像灵敏度高，溶剂悬浮显像剂中的有机溶剂挥发快，扩散少，轮廓清晰，分辨力高。

塑料薄膜显像剂主要是由显像颗粒和透明清漆组成的。通常采用喷涂的方式将塑料薄膜显像剂施加于被检测试件的表面，由于透明清漆是一种高挥发性的溶剂，因此能在较短的时间内干燥并形成一层薄膜。塑料薄膜显像剂吸附渗入缺陷中的渗透剂并进入塑料薄膜，所显示的缺陷信息就被凝固在膜层中，剥下的膜层可作为永久的记录。

（2）显像剂的性能

显像剂应具备的性能如下：①显像颗粒细微，吸湿能力强、速度快，容易被缺陷处的渗透剂所润湿；②容易在试件表面形成均匀的薄覆盖层，使缺陷轮廓显示清晰；③在紫外线照射下不发荧光，也不减弱荧光亮度；④显像剂应提供与缺陷显示形成鲜明对比的背景，以保证最佳对比度，并对着色染料无消色作用；⑤无毒、无味、无腐蚀作用；⑥检测完毕后易从试件表面除掉。

总之，要求显像剂检测能力显著，缺陷标志鲜明，与渗透剂的反差大，储存和保管中保持稳定，不使金属腐蚀与变色，检测结束后容易清洗，对操作人员的健康无害，废液处理简便。

显像剂既可放大缺陷显示，又可提供观察缺陷的背景，故显像剂除具有一定优良性能外，应与渗透剂搭配使用，才能达到最佳显像放大效果。另外，应根据试件表面状态、检测条件的具体情况选择不同类型的显像剂。

7.4 渗透检测系统

（1）渗透检测系统概述

渗透检测系统是由渗透剂、清洗剂和显像剂等构成的特定组合系统。每种渗透剂都应与配套的清洗剂和显像剂一同使用，不要将一个厂家的检测剂与另一个厂家的检测剂混合使用，更不要将不同厂家的同种检测剂混在一起使用，同一个厂家的不同类型的检测剂也不能混合使用，否则，可能出现渗透剂、清洗剂及显像剂等材料都符合规定要求，但它们之间不能相互兼容，最终使渗透检测无法进行。如确需混用，则必须经过验证，确保能相互兼容，检测灵敏度能满足要求。

渗透检测系统的选择原则为按被检测试件灵敏度要求来选择。根据被检测试件表面状态，在满足检测灵敏度要求的条件下，应尽量选用价格低、毒性小、无异味、易清洗的渗透检测系统。渗透检测系统对被检测试件应无腐蚀，且化学稳定性好，使用安全，不易着火。

（2）渗透检测设备

渗透检测设备分为便携式压力喷罐渗透检测设备、固定式渗透检测设备等。选择渗透检测设备时，主要考虑被检测试件的类型、检测缺陷的类型、渗透检测剂种类、检测目的、检测的实施条件及经济成本等因素。

便携式压力喷罐渗透检测设备一般由装有渗透剂、清洗剂和显像剂等渗透检测剂的喷罐，以及装有擦洗试件用的金属刷、毛刷等的小箱子组成，是一种通过单纯的手工操作就能进行检测的设备。如果采用荧光渗透检测法，则用轻便的携带式黑光灯；如果采用着色渗透检测法，则用照明灯。便携式压力喷罐渗透检测设备常用于溶剂去除型渗透检测，渗透检测剂通常是装在密闭的喷罐内使用的。便携式压力喷罐渗透检测设备要求成套配备，每套都有一定的数量要求。使用喷罐时应注意以下事项：①喷罐不能倒立喷洒；②使用显像剂喷罐前一定要充分摇匀；③喷罐不允许放置在高温区，不允许暴晒、接近火源或明火加热；④使用完的喷罐应打孔或破坏泄压。

固定式渗透检测设备是指根据渗透检测工序的需要设置的有多个工位、以流水线方式布置的检测装置。其常用于水洗型渗透检测和后乳化型渗透检测，主要的装置有预清洗装置、渗透装置、乳化装置、清洗装置、干燥装置、显像装置、后处理装置及紫外线照射装置。按固定方式的不同，固定式渗透检测设备可分为一体装置和分离装置。

渗透检测通常对渗透显示进行目视检查，所以照明设备对渗透检测是极其重要的，会直接影响检测方法的灵敏度。着色渗透检测需在白光下进行观察，荧光渗透检测需在黑光下进行观察。渗透检测常用的检测设备有黑光辐照度计、荧光亮度计及照度计。黑光辐照度计用于测量黑光的辐照度，荧光亮度计用于测量渗透剂的荧光亮度，照度计用于测量白光的照度。荧光渗透检测时需有暗室，暗室里的可见光对检测结果会有很大的影响，可见光越强，观察荧光显示越难，能够辨认出荧光显示所需要的黑光辐照度就越大。

7.5 渗透检测工艺

渗透检测对缺陷的检测能力取决于渗透检测剂的性能和操作方法的正确与否。如果检测时操作不当，即使采用了较好的渗透检测剂，由于其性能得不到充分发挥，也得不到较高的检测灵敏度。渗透检测包括 7 个主要处理阶段：预处理、渗透、清洗、干燥、显像、观察及评定、后处理。在渗透检测的各个处理阶段应注意以下几点：①要使渗透剂确实充分渗入缺陷内；②清洗阶段，只把附在表面的渗透剂除掉，不使渗入缺陷内的渗透剂流出；③为形成鲜明的缺陷显示，应保证显像处理条件，使试件被检测表面形成均匀而反差大的良好背景，便于观察和识别。

（1）预处理

试件在使用渗透液之前必须进行预处理，以去除试件表面的油脂、铁屑、铁锈，以及各种涂料、氧化皮等，既可防止这些污物堵塞缺陷，阻塞渗透液的渗入，也可防止污物污染渗透液，还可防止渗透液留存在这些污物上产生虚假显示。通过预处理可将这些污物去除，以便使渗透液容易渗入缺陷。

被检测试件的材质、表面状态及污物的种类不同，去除方法也不相同。去除方法可分为：①机械方法，包括吹沙、抛光、钢刷及超声波清洗等；②化学方法，包括酸洗和碱洗等；③溶剂去除法，利用三氯乙烯等化学溶剂来进行蒸气去油或利用酒精、丙酮等进行液体清洗。但预处理后的试件必须进行充分的干燥。

预处理的主要目的如下：①保证试件表面尤其是开口缺陷处表面干净，以便渗透剂更好地渗透，使缺陷中能截留更多的渗透剂，从而提高渗透检测的灵敏度和可靠性；②在浸涂式渗透方式中，尽可能地减轻污物对渗透剂的污染，防止污物中的化学成分与渗透剂中的染料成分发生反应，降低染料色泽或荧光亮度，从而延长渗透剂的使用寿命；③保证试件表面在渗透和显像过程中能够提供一个清洁、无干扰的背景，从而确保缺陷能被有效、清晰地显示。

（2）渗透

渗透的目的是使渗透剂通过毛细作用导入表面开口的缺陷中。渗透剂渗透能力的强弱不仅取决于渗透剂自身的性能，还取决于渗透剂与被检测试件的接触角、缺陷介质的性质、试件表面粗糙度、试件表面洁净度及渗透温度。显然，渗透剂的渗透能力越强，缺陷吸收渗透剂的量越大；在显像过程中反渗出来的渗透剂也就越多，相对于背景底色发光的强度和亮度就越大，越容易识别出较细小的缺陷细节，也就是检测灵敏度越高。

渗透是指将渗透液覆盖被检测试件的表面，覆盖有浸涂、喷涂、刷涂、浇涂、静电喷涂等多种方法。在实际工作中，应根据试件的数量、大小、形状及渗透液的种类来选择具体的覆盖方法。

渗透剂的渗透时间是指从施加渗透剂到开始去除多余渗透剂之间的时间，为浸涂时间和滴落时间之和。渗透时间的长短取决于渗透环境温度、渗透剂性质、试件成形工艺、试件表面状况、缺陷性质等多个因素。原则上，渗透时间越长，检测越可靠。渗透环境温度会直接影响渗透剂的渗透性能，一般来说，温度越高，渗透剂的表面张力越小，越容易渗透，所以相对应的渗透时间越短。渗透环境温度太高，渗透剂容易干在试件表面，给清洗带来困难或荧光亮度会降低；渗透环境温度太低，渗透剂变稠，使渗透剂的渗透能力降低。如果环境温度低于10℃或高于50℃，需要用对比试件进行比对，用试验确定合适的渗透时间。

对于有些试件，在渗透的同时可以给试件加载荷，使细小的裂缝张开，有利于渗透剂的渗入，以便检测到细微的裂纹。

（3）清洗

渗透时间结束后，只有渗入试件表面缺陷中的渗透剂才是有用的，而试件表面其他的渗透剂都是多余的，都是要被清洗的。过度的清洗会把缺陷中的渗透剂洗出，降低检测灵敏度；而清洗不充分、荧光背景过浓或着色底色过浓将使缺陷显示识别困难。用荧光渗透剂时，可在黑光照射下边观察边清洗；着色渗透剂的清洗应在白光下进行。

水洗型渗透剂可用水直接去除，水洗的方法有搅拌水浸洗、喷枪水冲洗和多喷头集中喷洗几种，应注意控制水洗的温度、时间和水洗的压力。后乳化型渗透剂在乳化后，可用水去除，要注意乳化的时间要适当，若时间太长，细微缺陷内部的渗透剂易被乳化而清洗掉；若时间太短，试件表面的渗透剂乳化不良，表面清洗不干净，乳化时间应由乳化剂和渗透剂的性能及试件的表面粗糙度来决定。溶剂去除型渗透剂用有机溶剂去除。

（4）干燥

干燥的目的是去除被检测试件表面的水分，使渗透剂能充分从表面开口缺陷中回渗到显像剂背景表面。溶剂去除型渗透剂的去除不必进行专门的干燥。用水洗的试件，若采用干式显像工艺，在显像前必须进行干燥；若采用湿式显像剂，水洗后可直接显像，然后进行干燥处理。

干燥可采用干净的布擦干、压缩空气吹干、热风吹干、热空气循环烘干等方法。干燥的温度不能太高，以防将缺陷中的渗透剂也同时烘干，致使在显像时渗透剂不能被吸附到试件表面，并且应尽量缩短干燥时间。在干燥过程中，如果操作者手上有油污，或试件筐和吊具上有残存的渗透剂等，会对试件表面造成污染，而产生虚假的缺陷显示。

（5）显像

显像过程是在试件干燥过程完成后，在被检测试件表面施加显像剂，再次利用毛细作用将渗入表面开口缺陷中的渗透剂吸附到被检测试件表面，从而产生与显像剂层背景形成对比且可见的缺陷显示图像的过程。显像的时间不能太长，显像剂层不能太厚，否则会影响缺陷显示的明锐清晰度。试件表面涂敷的显像剂要均匀，且一次涂覆完毕，同一个部位不允许反复涂覆。

不同显像剂的显像时间不同。对干式显像剂来说，显像时间是指从施加显像剂到观察缺陷显示的时间段；对湿式显像剂而言，显像时间是指从显像剂干燥到开始观察缺陷显示的时间段。显像时间的长短与显像剂种类、渗透剂种类、缺陷尺寸、试件表面温度、显像剂层的厚度及均匀性等因素有关。显像时间不能太长，也不能太短。显像时间太长，会造成缺陷的显示被过度放大，使缺陷图像失真，分辨力降低；显像时间过短，若缺陷内的渗透剂还没有被吸附出来形成缺陷显示，则将造成缺陷漏检。对于溶剂悬浮显像剂，由于在显像过程中有机溶剂挥发得较快，因此显像的时间应尽可能短。

（6）观察及评定

在着色检测时，显像后的试件可在自然光或白光下观察，不需要特别的观察装置。在荧光检测时，则应将显像后的试件放在暗室内，在紫外线的照射下进行观察。对于某些虚假显示，可用干净的布或棉球沾少许酒精擦拭显示部位，然后涂覆一薄层显像剂，如果显示仍能出来，一般该显示就可以判定为相关显示；如果在涂覆显像剂后以前出现的显示不再出来或出来的显示极微弱，即重复再现性差，一般该种显示不属于相关显示，而是伪显示。检测时可根据缺陷中渗出渗透剂的多少来粗略估计缺陷的深度。

观察及评定时应注意如下事项。

① 观察及评定人员在黑光灯下观察显示时，首先应该分辨显示属于相关显示还是伪显示，只有判断为相关显示，才能进一步判断试件表面所出现缺陷的性质、形状、分布、尺寸等，并记录及签发报告。

② 从暗场环境进入白光环境中或从白光环境进入暗场环境中时，人的眼睛要有 3～5min 的暗场适应时间。荧光渗透检测时，观察者应佩戴不变色的紫外线防护眼镜，以防紫外线损伤眼睛及眼睛疲劳。观察及评定过程中，要注意黑光灯及光滑试件表面反射的紫外

线不能直接射入人眼，否则会损伤眼睛，而且观察及评定人员连续在黑光灯下的工作时间不能太长。

③ 缺陷评定过程中，所有的显示一般要比引起显示的真实缺陷的尺寸大，但对受检测试件做出渗透检测合格或不合格的结论时，将缺陷的相关显示尺寸作为评定依据，而不是真实缺陷的尺寸。

④ 一般不能通过渗透检测确定缺陷的深度，但是可以根据显像过程中显像剂层回吸渗透剂的多少来大致判断缺陷的深度。因为缺陷越深，回吸渗透剂的量就越大，显示就越明显。

⑤ 观察及评定完毕后，应对被检测试件加以区分标记，并做好检测结果的记录。

（7）后处理

后处理是在渗透检测完成后，将被检测试件表面的残留渗透剂和显像剂清洗干净的过程。由于存在残留物与试件材料之间的化学反应及固化黏结等问题，渗透检测结束后的后处理工序应及早进行。渗透检测残留物有的会对试件的后续工序产生影响，有的会在潮湿环境下生成腐蚀液并对试件材料产生腐蚀，有的残留物中的有机碳氢化合物会与盛装液氧的箱体试件材料发生化学反应，甚至引起爆炸，所以，后处理十分重要。

习题 7

1. 简述渗透检测的基本原理。
2. 简述渗透检测的特点。
3. 简述渗透检测的主要步骤。
4. 简述渗透剂的主要性能。
5. 简述显像剂的主要性能。

参 考 文 献

[1] JR L W SCHMERR, SONG S J. Ultrasonic nondestructive evaluation systems: models and measurements[M]. New York: Springer Science+Business Media, LLC, 2007.

[2] JR L W SCHMERR. Fundamentals of ultrasonic nondestructive evaluation: a modeling approach[M]. New York: Springer Science+Business Media, LLC, 1998.

[3] JR L W SCHMERR. Fundamentals of ultrasonic phased arrays[M]. New York: Springer Science+Business Media, LLC, 2015.

[4] 王雪梅. 无损检测技术及其在轨道交通中的应用[M]. 成都：西南交通大学出版社，2010.

[5] 胡春亮. 无损检测概论[M]. 北京：机械工业出版社，2019.

[6] 吴静然. 焊接无损检测[M]. 北京：机械工业出版社，2018.

[7] 李喜孟. 无损检测[M]. 北京：机械工业出版社，2019.

[8] 杨凤霞，许磊. 无损检测技术及应用[M]. 北京：机械工业出版社，2013.

[9] 张小海，邬冠华. 射线检测[M]. 北京：机械工业出版社，2013.

[10] 金信鸿，张小海，高春法. 渗透检测[M]. 北京：机械工业出版社，2014.

[11] 杨琳瑜，宋凯. 磁粉检测[M]. 北京：机械工业出版社，2021.

[12] 仁吉林，林俊明，徐可北. 涡流检测[M]. 北京：机械工业出版社，2013.

[13] 李以善，汪立新. 无损检测员：超声波检测[M]. 北京：机械工业出版社，2022.

[14] ZHAO X Y, JR L W SCHMERR, A SEDOV, et al. Ultrasonic Beam Models for Angle Beam Surface Wave Transducers[J]. Research in Nondestructive Evaluation, 2016, 27(3):175-191.

[15] ZHAO X Y, LU Z X, WANG S Z, et al. Focusing behaviors of ultrasonic phased arrays in anisotropic and inhomogeneous weldments[J]. China Welding, 2012, 21(3):33-37.

[16] ZHAO X Y, GANG T, XU C G. Prediction of side-drilled hole signals captured by a dual crystal contact probe[J]. Journal of Nondestructive Evaluation, 2010, 29:105-110.